U0171817

# 区块链+

## 从全球50个案例看区块链的
### 技术生态、通证经济和社区自治

**杜均** ◎编著

# BLOCK CHAIN +

TECHNOLOGICAL ECOLOGY,TOKEN ECONOMY, AND
COMMUNITY AUTONOMY FROM 50 CASES IN THE WORLD

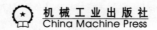
机械工业出版社
China Machine Press

**图书在版编目（CIP）数据**

区块链＋：从全球 50 个案例看区块链的技术生态、通证经济和社区自治 / 杜均编著 . —北京：机械工业出版社，2020.8

ISBN 978-7-111-66401-7

I. 区… II. 杜… III. 区块链技术 – 应用 – 案例 IV. TP311.135.9

中国版本图书馆 CIP 数据核字（2020）第 161003 号

**区块链＋**
从全球 50 个案例看区块链的技术生态、通证经济和社区自治

出版发行：机械工业出版社（北京市西城区百万庄大街 22 号　邮政编码：100037）
责任编辑：栾传龙
责任校对：李秋荣
印　　刷：北京文昌阁彩色印刷有限责任公司
版　　次：2020 年 9 月第 1 版第 1 次印刷
开　　本：147mm×210mm　1/32
印　　张：13.25
书　　号：ISBN 978-7-111-66401-7
定　　价：89.00 元

客服电话：（010）88361066　88379833　68326294　　投稿热线：（010）88379604
华章网站：www.hzbook.com　　　　　　　　　　　　　读者信箱：hzit@hzbook.com

# PREFACE
## 前 言

经过一年多的努力，我的第二本区块链专著终于告一段落。与2018 年初出版的《区块链＋：从全球 50 个案例看区块链的应用与未来》相比，本书仍旧通过分析区块链实际应用案例，向大众介绍区块链行业的发展。不同的是，在解析案例的过程中，本书主要通过技术生态体系、通证经济体系以及社区自治体系三条主线，分析不同案例的优点与不足，总结区块链在各行业的发展现状以及预测可能的未来。

在写本书之前，最初只是打算对《区块链＋：从全球 50 个案例看区块链的应用与未来》中的案例进行更新。但是，在梳理资料的过程中，我发现成熟的区块链应用离不开三个元素：技术、经济模型以及社区。同时，作为价值载体，区块链应用必须在信任的基础上，具备开放、及时、安全、自治等特性。基于此，三个元素发展的需求催生了区块链领域特有的三个生态体系，即技术生态体系、通证经济体系、社区自治体系。三个体系相互作用，相互支撑，让不受地域限制的大规模群体协作成为可能。因此，本书对三个生态体系的分析与研究，将让读者更加透彻地了解整个行业的发展现状及意义。

2018 年底，在出版社编辑的支持下，我决定从技术、经济模型及社区自治的角度，向读者全面解析区块链产业的发展。但是在整理案例的过程中，我遗憾地发现，尽管区块链行业发展迅速，但是具备三个生态体系的应用案例凤毛麟角，成熟的商业应用仍旧在酝酿之中。

目前大部分区块链技术公司是没有通证经济体系的，也没有社区自治体系，只具有技术生态体系，甚至有些项目的技术社区还比较闭合，无法构建产业生态，只是单纯意义上的技术服务商。这种形态决定了大部分区块链技术公司盈利空间有限，发展较为艰难。

另外，我也注意到，经济模型是近两年区块链领域与产业结合过程中提及最多的词汇。实际上，在现实应用中，鲜有企业设计出符合产业发展的经济通证。与之相反，不少项目在白皮书中大肆渲染开拓性的经济模型，声称这种经济模型成功打通了上下游产业链，构建了通证经济体系。往往这类脱离技术生态体系、缺乏社区自治体系、空谈经济模型的项目，成为"空气"项目的典范（不少 ICO 项目都是空气项目），是目前国家严厉打击的项目。

在一个成熟的项目中，技术生态体系往往作为项目发展的底层基石，决定着整个系统的安全与稳定。通证经济体系则决定着产业生态中生产资料的归属、分配、消费，以及参与者的地位、作用、激励体系，它是整个系统价值传递的中枢。而社区自治体系则是产业生态中"产销"互动与联系的基础，它直接影响着项目获客能力、营销及盈利能力。一个区块链项目只具备技术生态系统，构建的商业经济形态只会是服务经济；只有社区自治体系，没有技术与通证经济作为基础，社区经济无法支撑大规模的社会协作；而只有通证经济体系，则该经济属于投机经济，发展必不长久。只有技术、通证及社区自治三个体系共同发展，项目才能成为价值的载体；只有区块链与各个产业深度融合，构建生态价值体系，才能创造全新的商业形态。

2019 年，对于区块链行业来讲是意义非凡的，习近平总书记在中央政治局第十八次集体学习时强调，把区块链作为核心技术自主创新重要突破口，加快推动区块链技术和产业创新的发展。习近平总书记的讲话包含了三个信号：一是区块链还是新事物，因此应观察其发展趋势；二是强调要建立区块链行业的规则体系，推动行业自律；三是依法治理。不难看出，在国家政策的推动下，区块链行业的发展将更加有序。在这种历史机遇下，从技术、通证及社区自治三个维度去分析与总结现有的区块链项目，将更有利于我们找到区块链与各个产业结合的正确路径。

CONTENTS
**目 录**

# 价值互联网时代的新经济模式

BLOCKCHAIN +

# 第1节  开放式商业系统的出现

　　一个社会的经济结构是人们在物质资料生产过程中结成的、与一定的社会生产力相适应的生产关系的总和或社会经济制度，是政治、法律、哲学、宗教、文学、艺术等上层建筑建立起来的基础。⊖

　　商业的核心是商业模式，从古老的店铺模式到超市模式，从加盟连锁到实体店面网上商城，再到 O2O、B2C、C2C 模式，一切模式都围绕满足用户需求与创造价值展开，也就是商业模式关注通过什么途径或方式来盈利。时至今日，随着互联网的发展，C2C 的商业模式将开启全新

---

⊖　源于《区块链：重新定义商业》，作者是 Marco Iansiti / Karim Lakhani，https://www.jutuilian.com/article-63422-1.html。

的商业时代，而这需要一种弱中心化或去中心化的新型组织体系与之匹配，区块链技术的出现使之成为可能。

区块链时代的组织体系将是一种弱中心化或者去中心化的分布式组织或者自组织。不管是类比蜂群还是蚁群组织，都提示了一种在混序状态下群体的自组织或者分布式组织协作效应。在这样一种开放性的自由协作模式中，个体可以随时加入或退出某一个组织，能够充分发挥主观能动性，从而将生产力进一步释放。从这种必然的弱中心化或去中心化的自组织形式倒推，商业模式也终将围绕自组织或者分布式组织协作模式展开。

以区块链技术诞生之初的产品——比特币来看：它已有效运行 10 年，但它没有公司股东会、董事会以及管理层，没有员工，没有经营场地。参与其中的人员是全球性、普遍性、自发性的，矿工通过挖矿记账获得奖励，技术开发与运维人员以 Token 为回报，购买者可以获得投资收益，这种去中心化的转账交易服务，是分布式商业模式或自组织商业模式的雏形。

这种分布式组织或自组织商业模式，可以说是一种开放式商业系统。在这种商业系统中，所有的参与者都是自发的，所有人之间的交易也是个人对个人的。商业组织更为分散，商业模式也更多地呈现分布式的自组织特征。如比特币矿场主本着成本最低原则，自发在全球寻找资源最廉价的地方设置矿场。在矿工最为集中的中国，矿场往往被设在四川、内蒙古、新疆等电力资源丰富且廉价的地方。

可以想象，一个人与另一个人发生交易就自动地形成一个交易通道，每个人都有个人的去中心化账户系统，都有自己的专属交易链条，上面有着自己的资质经历、技能证明及可交换物，可以自由交易，可以为实现一个共同目标自由协作，每个人都成了商人。传统组织的界限被自组织商业模式打破，组织与组织之间、组织内部成员之间、组织与用户之间产生了更加广泛有效的协作关系，形成一个密切联系的利益共同体。

遗憾的是，区块链商业没有很快发展起来，很大程度是受到了技术制约，特别是"三元悖论"影响，即去中心化、安全和交易效率这三个目标不可能同时达到。顾及了安全与交易效率就违背了去中心化的初衷，顾及了去中心化和安全则交易效率就相当低，这是当前技术要攻克的难点所在。如曾经在以太坊区块链上运行的加密猫游戏，由于网络拥堵问题，严重影响了用户体验，最终成为昙花一现的区块链产品。而直到现在，区块链技术仍没有一个杀手级应用出现，规模性商业应用还处于早期。

实现这种自组织商业模式还需要一个较长的过程，区块链时代的成功商业模式应是围绕着自组织协作关系，关键是怎么更好地让个体价值得到发挥，让个体拥有个体数据价值，让个体价值的定价权和收益权回到个体手中。

# 第2节　个人成为独立的经济体

　　经济体是商业行为的承载体。从宏观上来讲，每一个国家就是一个经济体。从微观上来讲，公司是一个经济体。随着互联网经济的发展，尤其是区块链技术的出现，越来越多的个人也成了独立的经济体，成了商业的主体。[⊖]

　　这两年，身边越来越多的朋友从公司离职或者成为斜杠青年[⊜]。比如，在眼镜行业沉淀多年的眼镜姐姐，成为私人个性化眼镜定制专家，通过朋友圈分享、口碑传播建立个人品牌，每月都有上百单生意，收入不菲。

---

⊖　源于《每一个人都是独立经济体》，作者是许国超，http://blog.sina.com.cn/s/blog_5d086b950102wojl.html。

⊜　斜杠青年指的是不再满足"专一职业"的生活方式，而选择拥有多重职业和身份的多元生活的人群。

互联网释放了个性，催生了大量自由职业。无数平台的崛起，使我们有机会参与创造和价值输出。你越有能力，越有特点，越有特长，就越不需要依附某个公司。

可以预见，未来每一个人都是独立的经济体，既可以独立完成某项任务，也可以依靠协作和组织去执行系统性工程，所以社会既不缺乏细枝末节的耕耘者，也不缺少具备执行浩瀚工程能力的组织和团队。原始社会中人与人之间的关系是"交换"，奴隶社会中人与人之间的关系是"奴役"，封建社会中人与人之间的关系是"剥削"，资本主义社会中人与人之间的关系是"雇佣"，未来社会中人与人之间的关系是"协作"，这是人类社会的发展路径。原来一流的企业做"标准"，这是大工业时代的逻辑，所有的产品都是被整齐划一的，标准的制定者可以坐享其成。今后一流的企业做"服务"，是那种能够满足各种消费者、各种需求的服务。服务往往是定制性的，它对企业的两方面要求比较高：第一就是提供定制化的能力（科技），第二就是对接消费者的能力（互联网）。"雇佣"时代已经过去了，"合伙"时代已经开启了。无论你愿意出多少钱，都很难雇佣到一个优秀的人才，除非你跟他合伙。大胆、大度地把股份转让出去吧，海纳百川，有容乃大。

从微观经济来说，企业作为社会的基本生产单位，是现代工业的体现。公司在我们的印象之中是百人、千人一起上班的情况，这是我们看到的传统工业，传统的印象使我们认为作为经济体，企业成为一个微观的代表。而今天的经济发展带来一个独有的情况——一个人的公司，那么公司是独立经济体，推而论之，个人就是一个独立经济体。

区块链和 TCP/IP 之间的相似之处显而易见。电子邮件使信息双向发送成为可能，区块链的第一个应用产品比特币的诞生，让金融双向交易成为可能。区块链的开发和维护是开源、分布式以及共享的，而 TCP/IP 也是如此，两者的核心软件都由一个来自世界各地的志愿者团队维护。

TCP/IP 大幅压缩连接成本，释放了新的经济价值。同样，区块链也大幅降低了交易成本，它有潜力成为所有交易的记录系统。如果这一天到来，那么随着区块链衍生品影响力和控制力的扩大，整个经济都会再次经历巨大转型。

如今，一次股票交易可以在几微秒内进行，往往不需要人工干预。但股权转让可能要用一周时间，因为交易双方无法看到彼此的账本，不能自动确认资产的实际所有权和转让权限。组织交换交易记录时需要一系列中间人充当资产的担保人，账本也要逐个更新。

区块链系统中，账本在大量相同的数据库中复制，每个数据库都由一个利益相关方主管和维护。任意一份文件有改动的话，其他所有文件都会同时更新。同样，如果出现了新交易，交易资产和价值的记录就会出现在所有账本中，并且永久保存。没有必要请第三方中间人确认或转让所有权。在以区块链为基础的系统中进行股权交易，数秒内就可以完成转让，既安全又有据可查。

# 第 3 节　应运而生的区块链新经济

2018 年年初，腾讯发布报告称，中国数字经济总量增长速度迅猛，2017 年数字经济体量已达到 26.7 万亿元。较 2017 年中国 6.9% 的 GDP 增速，中国数字经济增速在 2016 年达到了 17.24%，占 GDP 比重已经达到 32.28%，数字经济已成为中国经济提质增效、实现高质量发展的新动能。[⊖]

在区块链出现之前，从物理世界到数字世界，在数字经济领域，我们要实现价值转移的方式只能是通过记录。用数字文件进行价值转移会遇到很多困难，可完美复制的数据文件和需要唯

---

⊖　源于《通证，可能相当于互联网的 HTML》，作者是方军，http://www.sohu.com/a/250735391_115060。

一性的价值表示形成冲突。如果表示价值的数据文件可以完美复制，那么我就可能把它支付给你，再复制一份把它支付给另一个人，造成双花问题。在数字世界中进行价值转移，为了防止双花，我们要依赖可信第三方作为中介，由它作为交易中心，由它来进行记录。

这事实上成了互联网进一步发展的障碍。信息互联网时代实现了信息互联互通。在价值互联网时代，人们需要能够在互联网上像传递信息一样方便快捷、安全可靠、低成本地传递价值。但是，由于需要可信第三方进行协调，价值转移依然处于成本高、效率低的状态。互联网上的价值转移所涉及的仍局限在少数的价值类别上，比如在线支付系统处理的现金、在线证券交易以及 Q 币与游戏币等互联网积分上。

数据的可信是价值互联网的基础，数据确权是数据可信和数据流动的基础。只有可信的大数据才有进行计算分析进而提供智能服务的价值。建立价值交换主体之间的信任，保证价值交换过程的可信，是打造价值互联网的技术基础。

区块链是进行数据确权、数据担责、价值交换和利益兑付的核心技术。区块链已经从数字货币、可编程区块链，进入了基于区块链技术构建各类价值互联网应用的阶段。但是目前处于各类应用普遍存在技术和性能不足、无互联互通标准的"混战"阶段，恰如互联网的早期形态。

构建以区块链、分布式记账、智能合约以及可信标识技术支撑的价值互联网可信基础设施，是保障互联互通以承载价值交换、支撑构建各类新型价值应用，从而整合和营造产业生态的重中之重。比如，在管理方面，弱中心化组织（机构、国家、全球），实现管理制度化、制度流程化、流程 IT 化（数字化、网络化）、管理智能化（可信化）；在业务方面，金融、保险、物流、零售、知识产权等，实现业务契约化、契约数据化、数据可信化、业务智能化。

区块链通过真实唯一的确权 + 安全可靠的交换，为价值互联网的形成夯实了基础。

**真实唯一的确权**：价值的前提是确定资产的所有者。

（1）通过密码学，利用公钥 / 私钥机制，保证了对资产的唯一所有权。

（2）通过共识机制，保障了声明所有权的时间顺序，第一个声明的人才是某资产的真正唯一拥有者。

（3）通过分布式账本，保障了历史的所有权长期存在，不可更改。

**安全可靠的交换**：价值是在供需中体现出来的，没有交换，就没有价值。

（1）通过密码学，所有者通过提供签名验证才能释放自己的资产，转移给另外的人。

（2）通过共识机制，给交易确定顺序，解决资产的"双花"问题，确认后的交易记录在案，不能更改。

（3）通过智能合约，保障交易只能在符合条件的情况下才能真正发生，自动化进行。

区块链的出现为价值互联网带来了新的发展空间，触发了一个新的发展阶段。区块链的去中心化、透明可信、自组织等特征，为价值互联网注入了新的内涵，将推进形成规模化的、真正意义上的价值互联网。从信息化到网络化，再到可信化，价值互联网将开创互联网经济的新纪元。

目前区块链技术还处于向大规模商用3.0阶段的过渡期，离实际应用尚有一段距离。其共识算法、跨链协议、网络结构等都存在很大的优化空间。比如，技术（标准）上，安全性和性能有待提升，不同系统之间互联互通存在困难；系统（服务）上，健壮性和可恢复能力不足，尚不足以承担基础设施；行业（产业）上，目前虽然百花齐放但是良莠不齐，虽然热情高涨但是能力不足；政策（治理）上，个体的治理现状让人忧心忡忡，全球治理结构尚未形成。

然而，时代在召唤第三代网络——价值互联网的到来，抓住此关键战略机遇期，推动基于价值互联网的基础设施、标准体系构建，将助力中国抢占未来价值互联网时代的话语权。

在互联网的发展历程中，其宏观体系结构并没有超出人对自身的认知和普林斯顿结构。一波一波的热潮是互联网发展不同阶段的必然，也是普林斯顿结构五大领域技术创新的结果。

所以区块链单独不能称为革命，必须是整个普林斯顿架构统一变化、演进共振才有可能。从科网泡沫，到FAAMG（Facebook、Apple、Amazon、Microsoft和Google）时代，再到价值互联网时代，要成长出伟大企业需要多次历练，新的革命也要站在时间维度和技术演变维度一起来看待。

# 2

第 2 章

# 区块链经济的三个层次

BLOCKCHAIN +

　　在区块链的经济体系中，业界普遍归结为三个层次，即技术生态系统、通证经济系统、社区自治系统，用英文来描述就是 Technological ecosystem、Tokenomics 和 Community，简称 TTC 模式，这种模式我们称之为区块链经济生态模型。⊖

　　区块链经济的三个系统通过相互作用，能较好地支持社区的大规模群体协作，具体而言就是：技术生态系统通过智能合约、分布式账本等技术构建信任体系，让分布在不同地域、不同肤色的陌生人之间建立协作，这大大降低了信任的成本；通证经济系统通过激励机制，让每个参与价值创造的角色都能够公平分享价值，提高了人们参与协作的动力；社区自治系统将各类创造价值的角色都视为社区成员，组织的边界不再由办公室、工作区域、八小时工作制、雇佣关系这些因素进行限制，而是由一系列合约进行界定。不同角色基于项目制和智能合约展开协作，创造价值的活动可以完全突破原有传统企业设定的企业边界。

　　区块链经济正在带领我们进行更深远、更重大的演变：人们之间的互动和交易方式将改变。这是一个全新的世界，是一个分布式自治体系的世界。

---

⊖　源于《区块链经济系统的三个关系》，作者是孙霄汉，https://blog.csdn.net/ympzuelx3aiap7q/article/details/80238041。

# 第1节 技术生态系统

区块链的技术生态系统主要包括基础网络层、中间协议层及应用服务层。

**基础网络层**：由数据层、网络层组成，其中数据层包括了底层数据区块以及相关的数据加密和时间戳等技术；网络层则包括分布式组网机制、数据传播机制和数据验证机制等。

**中间协议层**：由共识层、激励层、合约层组成，其中共识层主要包括网络节点的各类共识算法；激励层将经济因素集成到区块链技术体系中来，主要包括经济激励的发行机制和分配机制等；合约层主要包括各类脚本、算法和智能合约，是区块链可编程特性的基础。

**应用服务层**：作为区块链产业链中最重要的环节，包括区块链的各种应用场景和案例，以及可编程货币、可编程金融和可编程社会。

# 第 2 节　通证经济系统

通证经济系统是随着区块链的发展而新出现的一个概念，每一个发行通证（token）的区块链项目，都是试图以其所发行的通证作为一种经济激励的工具，促进生态圈内各个角色的协作。通证可以分为很多类型，瑞士金融市场监督管理局（FINMA）将通证分为三类：

**支付类通证（Payment Token）：** 也叫 Coin，是通用区块链上的加密数字货币，它是预埋在系统中为系统工作的激励机制。同时它也是区块链上记账的符号，没有使用场景，匿名、发行的方法也不同，是一种支付工具。

**实用类通证（Utility Token）：** 是一种用于非金融应用或服务的数字凭证，没有投资功能，FINMA 不会将此类通证视为证券。但即便只是部分有投资功能，此类通证也将被视为证券。如果此类代币致力于或能被广泛地作为支付手段，需遵守反洗钱法。

**资产类通证（Asset Token）**：是一种资产凭证，例如代表着对实物、公司、收益、参与分红或利息支付的权利等。它是标准化的，可被用于大规模的标准化交易。在经济功能上，这类通证与证券、债券或衍生品类似。

区块链项目的通证经济系统设计，是整个区块链经济生态体系的根本制度设计，需要考虑的问题非常多：

通证的用户分成哪几类角色？他们的利益诉求各是什么？如何高效地应用这种经济激励的工具？

通证发行的总量是多少？总量封顶吗？如果总量封顶，那么发行的速率和节奏是怎样的？如果总量不封顶，那么通货膨胀率设定为多少？为什么这么设定？

通证需要预挖吗？预挖数量比例占多少？谁是预挖出的通证最初拥有者？预挖通证如何进行初次分配？

通证在哪些场景下应用？有什么使用价值？通证有价值锚定吗？如果没有价值机制，如何防止通证的价值无底线下跌？如果有价值锚定，如何防止价格上涨受限？

通证按照什么原则进行流转？如何进行二次分配？如何让通证更多地流向价值创造用户，而抽离无价值和无效的用户？

整个系统的总体发展方向由谁决策？按照怎样的方式决策？社区的共同决策无法达成一致将如何处理？

**通证的内部循环**

通证的内部循环主要由数据使用者、计算节点、社区用户等参与者来触发，通过贡献及奖励两条路径来完成整体的内部循环。

**通证的外部循环**

通证的外部循环主要指矿机、矿场、矿池和交易所之间的流动与循环，在这里就不做详细的描述和解释。

通证经济系统是区块链项目的运营基石，随着区块链技术的不断进化与发展，通证经济系统会慢慢地演变成区块链项目独特的商业模式，由于这种商业模式的公开性和可复制性，也会导致区块链在应用层的竞争越来越激烈。可以说，未来区块链项目的核心竞争力不在于通证经济系统设计，而是在于项目是否有强大的社区自治系统，是否有庞大的、忠实的社区用户群体。

# 第 3 节　社区自治系统

　　社区自治系统分为两种类型：一种是以人为单位的社区自治系统，就是传统意义上的社区自组织；另外一种是以机器为单位的社区自治系统，是一个多层的网络结构，如 IOTA，专注于解决机器与机器（M2M）之间的交易问题。社区自治系统通过实现机器与机器间无交易费的支付，来构建未来机器经济（Machine Economy）的蓝图。

　　以人为单位的社区自治系统是目前区块链项目的一种主要组织形式。它以个体之间有共同的意识和利益作为共识，由各自的社区领袖运营，接纳其他人在其基础上创建社群与组织，从而构成一个相对开放的生态系统。

　　比如，EOS-DAPP 内容分享项目，全球有

100 位超级合伙人、500 位社区合伙人，在刚上线的短短两周时间，通过项目社区合伙人的推广、完善的内容奖励制度，就吸引了 30 万基调合伙人的加入，并原创出大量优质的内容。

在社区自治方面，他们通过社区工作的明确分工，将社区志愿者分为不同小组，通过自发自建的方式，构建了包括新闻、文化、文学、艺术、音乐、摄影、创作、交友、人工翻译、跨国（区域）、海洋、运动、旅游、美食、汽车等在内的成百上千个分社群，每个小组互相协助配合、互相监督，让社区个体充分发挥自身作用，基本实现社区自治。

30 万的基础用户是社区运营的核心力量，同时社区领袖也拥有特殊的头衔：首席增长官（CGO），专注于推动社区规模的增长和基础用户的维护。

# 第4节 三者之间的"X"关系

区块链经济的技术生态系统、通证经济系统、社区自治系统按照不同的方式组合在一起，可以产生不同的经济形式，它们之间的不同组合方式，形成了"X"关系。

## X1：只有技术生态系统是服务经济

简单地说，如果一个区块链项目有完整的技术生态系统，但是没有通证经济系统，也没有社区自治系统，那它就是一个技术服务提供商或者承办商，是一种服务经济的模式。华为的区块链技术白皮书给自己做了明确定位，它是一家区块链生态技术的服务提供商，这种经济模式的特点是行业的利润很小，因此对区块链经济发展没有太大的贡献。

## X2：有技术生态系统和社区自治系统是网

**络经济**

　　网络经济实际上是一种传统经济与现代信息技术结合的产物，是社会经济发展的新形态。具体而言，这种经济形态依靠互联网技术实现现实世界与网络世界的互联互通，同时通过区块链技术搭建价值流通系统。技术生态为价值安全有效传递创造了底层保证。社区自治系统让大规模协同成为可能，使单一的上下游协作发展成网络协同，让价值可以在产业网络之间传递，从而形成安全且有效的网络经济。因此，我们常说，没有区块链技术作为支撑的互联网经济属于传统互联网经济。

　　**X3：只有社区自治系统是社区经济**

　　如果一个区块链项目只有社区自治系统，没有技术生态系统，也没有通证经济系统，那这个项目就是一个社区型的项目。社区经济是将社区内互不相连的各种经济成分变为利益共同体，建立一种新的经济生产方式，从而带动社区乃至更广区域的经济发展。社区经济所囊括的服务体系是一个动态网络，它会随着经济社会的发展和社区需求的变化不断增加新的内容。

　　**X4：只有通证经济系统是投机经济**

　　没有技术生态系统和社区自治系统，仅依靠通证经济系统发行数字货币，就是通常意义上的劣质空气币，空气币的主要特征有：包装高大上，承诺百倍千倍的涨幅，邀请新人可获得高额奖励，承诺定期分红等。这类数字货币必须要远离。投机经济是利用市场由于信息不对称、滞后而出现的价差进行买卖，从中获得利润的交易行为。这种经济模式对区块链行业的发展起到负面的作用，需要制止。

### X5：有技术生态系统和通证经济系统是转型经济

区块链经济刚刚开始范式转移的时候，是以转型经济的方式出现的，因为在它的经济生态体系里，还没有培育出成熟的用户群体，也没有足够的用户基础。转型经济有两种转型模式：一是经济制度的转型，二是经济增长方式与人的实践模式的转型。两种转型是局部与整体、个别与一般、微观与宏观的关系。

### X6：技术生态系统、通证经济系统、社区自治系统都有才是真正意义上的区块链创新经济

区块链项目有完整的技术生态系统，也有好的通证经济系统和完善的社区自治系统，才是真正意义上的区块链创新经济。目前区块链的应用已延伸到物联网、智能制造、供应链管理、数字资产交易等多个领域，为云计算、大数据、移动互联网等信息技术的发展带来了新的机遇。1000多种区块链技术解决方案已被探索实施，正在引发新一轮的技术创新和产业变革。

无论是从国家层面还是企业层面，区块链都已经成为时代的浪潮，这也是任何人、任何国家都无法阻挡的大趋势，因为历史的长河永远都是向前走的。因此，了解区块链的经济关系是很有必要的。

# 3

第 3 章

# 区块链 + 金融

# BLOCKCHAIN +

# 第 1 节　现状

## 一、"金融"一词所涵盖的范围

金融是货币资金融通的总称。在我国日常经济生活的一般口径下，"金融"一词主要指与货币流通和银行信用相关的各种活动，具体包括以下方面：与物价有紧密联系的货币流通，银行与非银行金融机构体系，短期资金拆借市场，证券市场，保险系统，以及国际金融等。这个范围并不是某种理论规定的，而是在我国日常经济活动中自然形成的。<sup>⊖</sup>

哈佛大学教授罗伯特·默顿指出，金融体系有六大职能：

（1）清算和支付功能；

---

　⊖　源于《金融：词义、学科、形式、方法及其他》，中国金融出版社。

（2）融通资金和股权细化功能；

（3）促进经济资源跨时间、地域和产业的配置；

（4）风险管理功能；

（5）信息提供功能，比如通过金融市场价格释放信号；

（6）解决激励问题，比如股权激励。

# 二、现今金融体系和问题

## 1. 现今中国的金融体系

依据各机构的功能划分，我国金融体系大致如下：

（1）中央银行。负责制定和执行货币政策，防范和化解金融风险，维护金融稳定，提供金融服务，加强外汇管理，支持地方经济发展。

（2）金融监管机构。我国金融监管机构主要有银保监会、证监会和央行。前三个分别分管银行、证券、保险领域，央行也承担一定的监管职能。

（3）国家外汇管理局。成立于 1979 年 3 月，是依法进行外汇管理的行政机构。

（4）国有重点金融机构监事会。由国务院派出，代表国家对国有重点金融机构的资产质量及国有资产的保值增值状况实施监督。

（5）政策性金融机构。由政府发起成立的机构，为贯彻和配合政府特定的经济政策和意图而进行融资和信用活动，接受央行指导和监督。我国的政策性金融机构包括三家政策性银行：

国家开发银行、中国进出口银行和中国农业发展银行。

（6）商业性金融机构。我国的商业性金融机构包括银行业金融机构、证券机构和保险机构三大类。银行业金融机构包括商业银行、信用合作机构和非银行的金融机构。证券机构是指为证券市场参与者提供中介服务的机构，包括证券公司、证券交易所、证券登记结算公司、证券投资咨询公司、基金管理公司等。保险机构是指专门经营保险业务的机构，包括国有保险公司、股份制保险公司和在华从事保险业务的外资保险分公司及中外合资保险公司。

### 2. 当前金融体系所存在的问题

金融的信息化和数字化是一个趋势，然而，在金融信息化的过程中仍有很多障碍。在不同的细分行业有具体不同的表现，总的来说，主要存在以下三方面的问题：

（1）信息存在孤岛

各类金融中介的存在虽然提升了原来业务的工作效率，但也造成了整个金融体系的割裂。由于利益关系，很难共享数据和整体协作，这在一定程度上又造成了整体金融风险的不可控。

（2）隐私保护不足

很多金融机构不注重用户隐私的保护，在拿到用户信息后，或是保管不严密，或是受利益驱使进行数据交易，造成用户数据泄露。总而言之，用户数据目前仍然缺乏足够的保障。

（3）效率仍有待提升

在金融业务的开展过程中，经常涉及三方或者多方的业务场景。比如债券发行过程，涉及监管部门、主承销商、审计机构、律师事务所等多个机构协调配合，参与部门众多，沟通时间长，造成整个业务流程的冗长。再比如跨境支付，在不同的银行系统中协作也是一件耗时长、成本高的事情。众多金融业务仍存在较大的效率提升空间。

## 三、区块链如何用于金融行业

### 1. 技术如何应用

区块链的 P2P 技术可以用于金融网络的信息和价值传输，减少中介机构的参与，从而降低成本；加密技术和分布式存储可以使个人数据的传输和存储更为安全，加强用户的隐私保护。区块链"账本"对于那些缺乏强信任中心的或多方协作信任成本较高的应用场景尤为适用。

### 2. 通证经济如何应用到金融行业

在谈到区块链改造传统行业的时候，我们需要反思一个问题，即区块链的必要性是什么？因为现在已经存在共享账本等技术，区块链这个昂贵的"分布式账本"还需不需要？事实上这就是区块链的另一层含义，在技术之上是区块链的通证经济，在这个系统中，通证起到了激励的作用。一个好的通证经济模型，可以让原来不愿意相互协作的多方，产生愿意合作的想法，并参与其中。而共享账本，只能起到一个记录和协作的作用，却无法解决"如何让大家共同参与"的源头问题。

### 3. 区块链的社区治理结构如何应用到金融行业

社区治理主要是就重塑金融机构和用户的关系而言的。在所有的行业里，用户都已不再是单纯的消费者，也在一定程度上对于品牌推广和产品迭代等环节产生了增值。如何激励更多的外部人员创造更多的价值属于通证经济的范畴，而如何管理社区成员便成了社区治理的职能。一般来说，金融行业是强监管行业，因此很难采用 public chain 的管理架构，可能做不到完全去中心化，但是在一定程度上实现了弱中心化和多中心化。

# 第2节　案例分析

## 一、区块链 + 支付案例

### 案例一　招商银行跨境转账支付

2017 年 11 月，招商银行西安高新科技支行通过其总行自主研发的区块链直联跨境支付应用技术，成功完成一笔美元跨境支付业务，让跨境外币资金实现"秒级"传输。这标志着招商银行成为世界首家将区块链技术应用到跨境支付与结算的银行，是招商银行利用 FinTech 驱动渠道优化和服务升级的一项金融科技成果。

#### 1. 技术生态系统

招商银行自主研发了可编辑区块链、基于零知识证明的隐私保护、互联网合约验证、联盟成员识别验证、可干预实时监管等大量创新技术，形成自主可控的通用化区块链多方协作解决方案。利用区块链技术"分布式记账"等特点，资金清算信息在"链上"同步抵达、全体共享、实时更新，清算效率实现质的飞跃（见下图）。

**银行业通过区块链能有效降低跨境支付结算风险，节省支付成本**

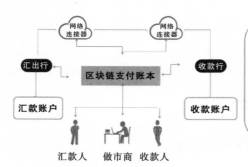

区块链跨境清算技术着眼于信息的高效与安全传递，与传统支付渠道相互补充，从而避免了区块链电子货币所面临的合法性和监管问题。

## 2. 经济通证系统

招商银行跨境支付目前还没有发展经济通证系统，但由于技术生态系统的日趋成熟，区块链技术在金融领域，尤其在跨境支付清算领域的实用性和适配度上的应用前景被广泛看好，其清算流程安全、高效、快速，可以大幅提升客户体验（见下表）。

银行业区块链应用探索

| 方向 | 金融机构 |
|------|----------|
| 跨境支付 | 招商银行 |
| 金融交易 | 中信银行、工商银行、建设银行、中国银行、邮储银行 |
| 扶贫 | 工商银行 |
| 数字钱包 | 中国人民银行、中国银行 |
| 供应链金融 | 中信银行、中国农业银行 |
| 票据 | 工商银行、浙商银行 |
| 保险 | 建设银行 |
| 国际保理 | 建设银行 |
| 外贸授信 | 建设银行 |

### 3. 社区自治系统

目前，招商银行的跨境转账支付业务已不是纸上谈兵，此项目的成功落地使招商银行摸索出基本成熟、可用的区块链底层架构，可支持后续其他区块链应用项目——例如在票据与供应链金融领域进行区块链的应用，并且可以简单地扩展到同业间、银企间、企业间等各种业务场景。招商银行打造的区块链金融业务应用生态圈，将区块链技术所带来的便利普及到每个人。

## 案例二 蚂蚁金服跨境汇款业务

2018年6月25日，全球首个基于区块链的电子钱包跨境汇款服务在我国香港上线，港版支付宝 AlipayHK 的用户可以通过区块链技术向菲律宾钱包 GCash 汇款。第一笔汇款由在港工作 22 年的菲律宾人格蕾丝（Grace）完成，耗时仅 3 秒，而在以前这需要 10 分钟到几天不等。

## 1. 技术生态系统

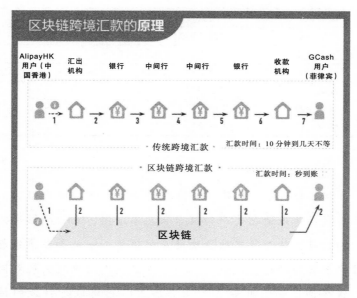

来源：蚂蚁金服官网

区块链技术通过分布式账本将原来像接力赛一样逐个节点确认传递的汇款模式，改变为业务节点实时同步并行确认，提升了效率，改变了运营模式。在汇出端钱包发起汇款的同时，所有参与方同时收到该信息，在做合规等所需的审核后，区块链协同各方同时完成这一笔汇款交易。如果转账过程中出现问题（如违反了相关规定），会实时反馈至汇款者。

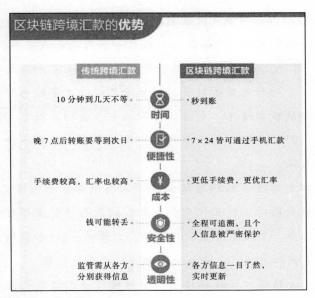

来源：蚂蚁金服官网

　　根据区块链智能合约，用户一旦提交汇款申请，所有交易环节的参与机构，包括 AlipayHK、GCash 和渣打银行，都会收到通知。在转账过程中，每个环节的参与机构都会同时执行和验证交易。

　　运用区块链技术，汇款人和收款人可以清楚地追踪到资金流向，包括汇款申请从何处提出、汇款人何时成功收到汇款等。

　　同时，所有被储存、共享及上传至区块链汇款平台的信息，都会做加密处理，以保护用户隐私。

## 2. 经济通证系统和社区治理系统

工信部发布的《中国区块链技术和应用发展白皮书》指出："金融、智能制造、社会公益等行业是区块链重点应用场景。"其中金融支付行业目前对我们的生活已经产生了较为深刻的影响，从行业服务情况、市场规模等各个方面切入到了生活的方方面面。因此金融支付产业的发展无疑成为金融产业链中极其重要的一环。

金融支付行业结构包括上游产品与服务、中间服务集成、产品与服务设计、行业代理和行业经销商与消费者等方面，市场需求旺盛。而人工智能、大数据、云计算、5G 和区块链技术的逐渐成熟和应用，也将加快金融支付行业的发展。

蚂蚁金服通过区块链技术实现秒级跨境汇款就是区块链在金融支付领域迈出的重要一步。目前，蚂蚁金服的区块链跨境汇款业务已经形成了比较完善的技术生态系统，但在经济通证系统和社区自治系统方面还存在空白。无论是数据层还是网络层，蚂蚁金服都有着强有力的技术和专利支持；由共识层、激励层、合约层组成的中间协议层也形成完整闭环。在区块链技术的支持下，跨境汇款能像本地转账一样实时到账，省钱、省事、安全、透明。

随着区块链技术的不断发展和各种场景应用的陆续落地，区块链技术将会影响现在金融行业的布局，为金融行业带来更大的潜能。

## 二、稳定币概述及案例

### 1. 稳定币概述

多数加密货币的价格波动性都非常大，容易暴涨暴跌。为了解决加密货币价格波动性过大的问题，一些区块链行业的创业者希望创造一种"稳定币"来使加密货币更加完美。所谓稳定币，就是那些拥有稳定价值的加密货币，不会暴涨暴跌，同时又具备加密货币的其他特点。[⊖]

**为什么需要稳定币**

个人投资者进入虚拟货币市场需要首先将手中的法币兑换成虚拟数字货币，而目前很多交易所都不支持法币直接兑换数字货币，需要一个稳定的数字货币作为兑换的中间件。

机构投资者需要进行头寸管理。随着加密货币投资市场的发展，投资机构和资产管理机构也会越来越专业，把加密货币作为其资产头寸中的一种，使用各种策略来进行套利和风险对冲。然而，非稳定币的价格波动过于剧烈，难以进行管理，因此对稳定币的需求也会越来越高。

用数字货币作为收入形式或融资方式的企业或组织，后续需要将数字货币兑换成稳定币来控制风险或满足审计合规要求。目前很多区块链公司的收入都是数字货币形式，未来要上市的话必须使用可审计资产。

要求价格波动平缓的区块链应用，如消费者贷款，或者标的物为未来事项的预测应用等，需要用稳定币对远期的事项

---

⊖ 源于《节点资本研究报告：稳定币专题研究》。

定价。

　　未来随着加密数字货币的普及，普通民众会更多持有加密数字货币，如果数字货币的价格波动过于剧烈，则会对普通民众造成损失，不利于加密数字货币的普及。

　　第一个稳定币是 Tether 公司在 2014 年发行的 USDT，近年来又出现了诸如 MakerDao、TrueUSD、Bitshares 等一系列稳定币，这些项目都针对价格稳定、可伸缩性、去中心化等要素提出了自己的解决方案。目前从大类上看，稳定币可以分为以下三种模式：

　　（1）中心化的借据保障模式。在这种模式下，用户持有的稳定币实际上是稳定币发行公司的借据。中心化的发行公司将自身的资产进行抵押以发行稳定币，每个稳定币都对应着其存于银行的等值资产，确保用户所持有的稳定币可以按照比例兑换回法币。这个模式其实就是美联储印钞（持有完全无风险资产——美国国债，发行美元），代表项目是 USDT。

　　这种模式的优点是易于理解，整个流程非常直观，而且有资产抵押，但缺点在于发行公司的信任风险。因为稳定币是中心化的私人公司发行的，没有任何机构能够证明发行公司将资产足额抵押在银行，实际上存在信用超发或资产转移的风险；另外，我们还必须相信发行方愿意用资产承兑这些借据。

　　因为 USDT 有这些缺点，后续采用这个模式的项目都试图在监管透明性和资产托管上做出一定改进，如 TrueCoin、TrueUSD 等。

　　（2）加密资产抵押模式。相比于上一种模式，这种模式不是基于中心化货币，而是找加密货币作为基础资产进行抵押来发行货币，每发行 1 块钱的稳定货币，存入 $N$ 倍的其他加密货币的资产作为抵押物。而在用户将加密货币兑回时，发行方也可以赎回抵押的基础资产。

在这种模式下，抵押物本身是去中心化的，而且可以通过智能合约保证执行，因此消除了信任风险。但是它依然有浮动性风险，由于加密货币的市场价格常常会出现剧烈的波动，一旦抵押物的价值低于稳定币的票面价值就会爆仓。这个模式很像资产抵押债券（ABS），一旦基础资产价格剧烈下跌，债券发行方的违约风险就会急剧上升，进而导致系统崩溃，就像十多年前的次贷危机一样。

这类项目的代表有 MakerDao、Bitshares、Havven、Duo Network、Alchemint 等。

（3）铸币税股份模式。前两种模式的本质都是资产抵押，区别仅在于是使用中心化还是去中心化的货币（资产）。这种模式在思路上和前两种完全不同，采用的是算法中央银行的模式。简而言之，其思想是通过算法自动调节市场上代币的供求关系，进而将代币和法币的价格稳定在固定比例上。

这种模式借鉴了现实中央银行调节货币供求的机制。现实中，央行可以通过调整利率（存款准备金率、基础利率等）、债券的回购与逆回购、调节外汇储备等方式来保持购买力的相对稳定。而在稳定币中，算法银行也可以通过出售 / 回收股份、调节挖矿奖励等方法来保证稳定币的价格相对稳定。

算法中央银行的致命风险是以下假设：未来对稳定货币的

需求会一直增长。如果稳定货币跌破发行价，就需要吸引人来购买股票或者债券，这背后基于的是未来该稳定币需求看涨的预期。如果该稳定币需求萎缩或者遭遇信任危机，那么算法中央银行将不得不发行更多的股票或债券，这在未来又会转化为更多的货币供给，长期看会陷入死亡螺旋。

综上所述，铸币税股份模式完全依赖于算法，消除了信任风险，但仍然会面临浮动性风险（死亡螺旋）。而且这类稳定币背后完全没有对应的资产抵押，一旦出现极端的挤兑将很难处理。

## 案例一 USDT

### 1. 项目简介

USDT（泰达币）是 Tether 公司推出的基于稳定价值货币美元（USD）的代币。根据官网消息，1USDT=1 美元，用户可以随时使用 USDT 与 USD 进行 1 : 1 兑换。Tether 公司严格遵守 1 : 1 的准备金保证，即每发行 1 个 USDT 通证，其银行账户都会新增 1 美元的质押。

### 2. 技术

最早的 USDT 采用基于比特币的 OMNI Layer Protocol，不过后来也发行了基于 ERC20 标准的 USDT，用于更好地兼容现有的区块链网络，并提升交易速度。

### 3. 总结讨论

USDT 是稳定币的"鼻祖"，它的出现满足了加密货币市场上的避险需求，同时，承担了现实世界和数字世界桥梁的作用。USDT 这种抵押发行的方式是中心化的。

正如金本位时期美元对黄金的锚定，人们担忧美元的超发及其兑付能力，现今的 USDT 同样引发了人们对它的担心，关于 USDT 是否超发的争论从未停止。

## 案例二　Facebook 开发稳定币

### 1. 项目简介

美国彭博社 2018 年 12 月 2 日引述知情人士报道称：Facebook 公司正致力于开发一种加密货币，使用户能够在 WhatsApp 移动聊天工具上转账，这种加密货币将首先服务印度的汇款市场。WhatsApp 是 Facebook 公司的加密移动通信应用，在全球拥有大量用户，仅在印度的用户就超过 2 亿，而且印度是跨境汇款大国。

### 2. 技术模式

关于 Facebook 的稳定币具体采用的模式，现在官方还没有披露，不过很可能是借鉴 USDT 的 1∶1 抵押模式。

### 3. 总结讨论

Facebook 在全世界拥有 25 亿用户，年收入超过 400 亿美元，在处理监管问题方面有更丰富的经验，它可能有更好的机会来发行一种稳定货币。用户、合规是 Facebook 的优势，客观来说，区块链在支付行业的比较优势在于跨境汇款，所以

Facebook 首选跨境汇款金额全球领先的印度，而且 Facebook 的用户群体较年轻，相对容易接受新兴事物。稳定币虽然有区块链的基因，但它的信用在很大程度上仍取决于发行的主体，Facebook 的信用背书自然给项目的成功提供了可能性，不过实际的产品落地仍有待市场的检验。

## 案例三　Terra

### 1. 项目简介

Terra 是一种"复合型稳定币"，系统采用"算法型稳定币（Terra）+ 功能性代币（Luna）资金池担保"的设计。

**Terra**：算法型稳定币，以算法增发及缩紧供应来确保价格稳定。当 Terra 价格上涨时，系统增发 Terra 币来使其下跌；当价格下跌时，系统使用稳定储备从市场买回 Terra 并销毁。

**Luna**：Terra 平台的功能性代币，为 Terra 稳定币提供支持。它是一种去中心化资产，其价值来自 Terra 网络所收取的手续费，Terra 稳定币的交易量越大，Luna 的价值就会越高。

**Luna 资金池**：实时保证最低 120% 的存款准备金率的虚拟货币资金池，不仅为 Terra 的偿付能力提供了一种去中心化的保证，还不像其他货币一样有各种投机和监管的风险。

### 2. 总结讨论

稳定币成功的核心在于应用场景，稳定币最大的应用场景一定是支付，然而，这也是政府稳定法币要占据的领域。Terra 的第一个应用场景是韩国第二大电子商务平台。TMON，它的年交易总额为40亿美元，在韩国的团购网站中排名靠前，单就这点来说，Terra已经好过很多"空中楼阁"的稳定币了。

## 三、区块链 + 征信概述及案例

受益于密码学的诸多成熟技术，可对征信数据进行加密处理，或者直接采用双区块链的设计来确保用户征信数据安全。这样，我们的交易数据将来可以完全存储在区块链上，产生的交易大数据将成为每个人产权清晰的信用资源。而且，区块链还在人与人之间公开透明地收集和共享数据，将散落在私有部门及公共部门的"全部"个人数据充分地聚合起来，取之于用户而用之于用户，促进数据的开放共享与社会的互联互通。

从个人层面来说，区块链能帮助我们确立自身的数据主权，生成自己的信用资产，同时也有利于征信机构信用生产成本的降低。现在，我们难以控制自己的私人数据，更不用说授权了。而且，掌握这些数据的公司各自垄断一个市场，形成一个个相互封闭、隔绝的数据孤岛，使征信数据难以充分发挥其共享价值。

## 案例 LinkEye

### 1. 项目简介

LinkEye是自主研发的一套基于区块链技术的征信共享联盟链解决方案，致力于通过区块链技术和信贷经济模型的深度整合，在联盟成员间共享失信人名单，将各个征信数据孤岛串联起来，形成真实可靠、覆盖面广的全社会征信数据库，有效促进和完善社会信用体系，最终实现信用面前人人平等。LinkEye 已经与众多一线信贷平台达成战略合作，开放及共享核心失信人名单，共同打造区块链征信平台。

## 2. 技术生态

传统数据中心通常是将数据存储在一个中心节点上，这个中心节点完全由数据中心控制，数据中心可以随意删改这些数据，带来售假、篡改或者删除数据的风险。当前的数据联盟模式一般是多个小型数据中心依附于一个大型数据中心，小型数据中心和大型数据中心进行数据互换。这种模式中，小型数据中心之间无法互相信任，所有的数据经过大型数据中心交换。这样一来大型数据中心将成为风险节点。

区块链是一种去中心化的分布式数据存储技术。它的核心价值是创造一个安全可信的体系，让互相不信任的机构或者个人在没有权威中心机构统筹的情况下还能彼此信任地进行信息和数据的交互。同时区块链通过密码学、分布式一致性协议、共识协议、点对点网络通信等技术手段，实现了数据的不可篡改性和不可删除性。

使用区块链技术，征信信息公布于链上之后将永远不能被删除和修改，同时成为各个数据中心可以互相信任的共享数据。

LinkEye 主权联盟链的底层技术框架依托于 HyperLedger 项目的规范与标准，并针对征信应用场景进行了一系列自主改造和增强。LinkEye 联盟链同样采用业界推荐的数字证书机制来实现身份鉴别和权限控制。CA节点实现了PKI服务，可以提前签发身份证书，发送给对应的成员实体，控制实体对网络中各项资源的访问权限。同时，LinkEye联盟链可以通过权限策略（policy）对数据的各种操作权限进行管理，解决"谁在某个场景下是否允许采取某个操作"的问题。

LinkEye主权联盟链将为上层应用提供OPEN API，以及封装了API的SDK。应用可以通过SDK访问LinkEye主权联盟链网络中的多种资源，包括账户、交易、账本、智能合约、监听（由智能合约发送或区块生成的）事件等。

对于社区应用的开发和测试者，构建一套分布式的区块链方案绝非易事，既需要硬件基础设施的投入，也需要全方位的开发和运营管理。LinkEye主权联盟链将上线完全公开的区块链服务（BaaS）平台，提供一站式的测试网络搭建、分布式账本内容可视化呈现、智能合约开发与测试、网络监控与分析等功能。

### 3. 经济模型

LinkEye代币命名为LET，用于确保平台运行更加有序和高效。通过使用LET，平台可以实现高速、0成本、实时的数据库记账。通过LET与智能合约相结合，确保真正实现点对点的数据互享，避免中心式清算带来的系统复杂度和系统风险。LET将作为用户在LinkEye平台查询数据的凭证来使用。用户查询数据需要支付一定数量的LET，同时联盟成员通过分享数据可以获得LET。LET可以由LinkEye平台数据互享来获得，也可以由二级市场交易获得。

作为LinkEye联盟链的成员，信贷机构可以利用LinkEye

征信数据共享平台自主查询黑名单数据，只要该数据为任何一个联盟链成员所拥有，该信贷机构就可以支付一定的 Token（LET）来获取黑名单数据的详细信息，具体支付的 Token 数量由拥有数据的联盟链成员决定（一般取决于数据的市场价值）。而 LinkEye 团队将从每次交易中抽取 0.5 个 Token 作为项目回报，每次抽取的 Token 将冻结两年，两年之后释放流通。

### 4. 社区治理

LinkEye 使用的还是联盟链的架构，因此也就不存在所谓的社区治理。

### 5. 总结讨论

随着数据量和用户的暴增，软硬件基础设施难以满足剧增的查询需求。区块链的分布式存储提出了一个新的解决方案，有效缓解了中心化架构的存储和服务压力。同时使用奖励机制增加信息来源，避免了信息维度过窄导致的数据不全、更新不及时等问题。事实上，建立全面的征信数据库需要更强大的号召力，动员全社会的力量。另外，区块链解决了一个痛点，就是各机构之间因为害怕数据泄露不愿意共享数据，区块链的非对称加密和可信计算可在一定程度上解决这个问题。LinkEye 在区块链征信的道路上做出了有益的探索，但同时也面临数据来源不够、用户接受度低等巨大挑战。

# 第3节 发展前景

区块链技术在存证、结算、跨境支付、多方协作等领域有突出的应用前景。目前在技术层面联盟链实现的难度相对较低，公链还面临性能上的瓶颈，DAPP开发也有很多实际难度。但是从长期看，金融仍是最值得期待的应用领域。首先，计算机取代简单劳动是大趋势，而在这一进程中，如何杜绝计算机被恶意操控，需要开源，需要信息的公开、透明、可信，在这方面区块链是利器。其次，金融领域的数字化程度较高，而实现的逻辑相对简单，最关键的是和价值直接联系，该领域产生的价值最有望覆盖"区块链分布式账本"维持所需的高昂成本。

稳定币是种较强的需求，尤其是在全球融合的大趋势下。各国的金融体系和基础设施的完善程度差别较大，稳定币可在 M0 层面实现跨国交易。不过可能政府出面引导会更容易实现，因为稳定币最缺少的是应用场景。现在市场上已经有名目众多的稳定币，使用最多的仍是 USDT，说明人们的信任还是依赖传统世界中的背书和信用。

　　区块链未来可能会成为征信的补充手段。实际上，区块链到底能在征信中发挥多大作用，取决于区块链定义的边界，它是一系列技术的融合，如果加密技术就是区块链，那毋庸置疑征信非常需要区块链，如果区块链指点对点传输或者通证经济，那么征信其实不需要通证也可以做得很好。

# 4

第 4 章

# 区块链 + 证券

**BLOCKCHAIN +**

# 第 1 节　现状

## 一、证券的定义与分类

### 1. 证券的定义及特点

证券是一种资产，广义上来说是用来证明券票持有人享有的某种特定权益的法律凭证。主要包括商品类证券、货币类证券和资本类证券。狭义上，证券表示的是证券市场中的证券产品，比如股权市场中的股票、债权市场中的债券，衍生品市场中的股票期货、期权、利率期货等。

证券的内核是某种具有明晰的财产属性的权利，它的主要特征包括：

**证券是财产性权利凭证**

证券代表的是包含了某种特殊的财产价值的权利凭证。随着社会的发展和组织形态的进化，人们对财富的欲望已经不再仅仅是对财产的直接占有、使用和处分，而是更加重视对财富的终极支配和控制权利，证券便伴随着这种需求应运而生。证券的持有者拥有对标的财产的控制权，这个控制权不再是直接控制权，而是一种间接控制权。

举例来说，某个公司股东根据其持股比例等比例地享有对公司财产的控制权，但是他并没有对公司特定财产直接占有、使用和处分的权利。从这一点来说，证券是借助于市场经济和社会信用的发达而进行资本聚集的产物，证券权利展现出财产权的性质。

**证券是流通性权利凭证**

证券的价值之一就在于公开市场为证券提供的流通性。传统民事权利一直面对的一大问题就是权利转让的障碍。

比如由于"债权相对性"的民事法则，债权作为财产的表现形式是可转让的，但债权人转让债权须通知债务人，这种涉及三方利益的转让行为受制于法律规范的调整，并不方便。但一旦民事权利证券化，财产权利分成品质相同的若干相等份额，造就出一种"规格一律的商品"，那么这种财产转让不再局限于转让方和受让方之间按照协议转让，而是在更广的范围内，以更高的频率进行转让，甚至通过公开市场进行交易，从而形成高度发达的财产转让制度。证券通过多次转让构成了流通，通过变现为货币还可实现其规避风险的功能。证券的流通性是证券制度顺利发展的基础。

### 证券是收益性权利凭证

对绝大部分证券持有人而言，他们投资于证券的直接动因和最终目标都是为了获取收益。一方面，证券从根本上来说就是一种代表了特定的财产权的财产性权利，证券持有人通过持有证券来获得收益，如通过持有股票获得股息或者通过持有债券获得利息；另一方面，证券持有人可以通过在市场上买卖交易证券来获得收益，比如二级市场上的低价买入、高价卖出，通过差价获得收益。

### 证券是风险性权利凭证

证券除了收益性特征之外，还具有风险性。证券的风险表现在由于证券市场变化或者发行人的各方面原因，造成证券投资者不能按照预期规划获得收入，甚至出现损失的可能性。在证券投资中，风险和收益紧密相连。市场中的任何投资活动都存在风险，证券投资的预期收益和它的潜在风险通常是相对应的。

### 2. 证券的分类

根据国际上的惯例，证券按其性质可以分为证据证券、凭证证券和有价证券三类。

**证据证券**是用于证明某种事实的书面文件。常见的证据证券包括信用证、证据等。

**凭证证券**是指认定持证人是某种私权的合法权利者和证明持证人所履行的义务有效的书面证明文件，如存款单等。

**有价证券**是指标有票面余额，用于证明持有人或该证券指定的特定主体对特定财产拥有所有权或债权的凭证，它区别于上面两种证券的主要特征是可以在不同主体间进行转移。我们常见的股票、债券、货币基金、REIT（房地产信托投资基金）等，都属于有价证券。

本章对"区块链＋证券"的讨论，主要限定于上述分类中的有价证券（后文会讨论区块链＋其他类别的证券）。

## 二、区块链在证券领域的应用机会

### 1. 区块链技术在证券领域的应用机会

**登记结算**

证券可以根据募资对象的不同分为私募证券（仅向机构或特定合格投资人募资）和公募证券（向公开投资者募资）。传统的私募证券大多采用纸质文件或者靠第三方机构来进行登记和协议确认，造成私募证券的管理成本居高不下，效率很低。而公募证券的结算、清算过程涉及了多个市场参与方，通常也需要较长的时间周期和较多的人工干预，同样导致了较高的成本。举例来说，目前美股市场实行的是 T+3 制度，即交易发生后的第三个工作日才能完成清算交割。

针对证券市场登记结算环节流程复杂、效率低的现状，区块链技术的分布式账本、去中间机构、智能合约自动执行的特性可以提高交易速度，降低交易成本，进而改善上述问题。比如，区块链的可编程特性可以将资产包中的权利及现金流进行分割，从而更好地将复杂资产证券化；区块链可以将股权等信息记录在去中心化的分布式账本上，进而实现证券无纸化登记、自动交易结算而无须依赖第三方或中心化机构；区块链上的智能合约可以预先设计好资产所有者的权利和义务，当满足触发条件时自动执行，从而降低人工操作成本。

**交易流转**

在交易流转环节，目前证券市场面临的最大问题就是流动性分割。也就是说，全球各地的资本市场是彼此隔离的，投资者很难跨市场进行投资（有时差门槛、认知门槛、合格投资者限制门槛等）。

区块链技术的出现为解决上述问题提供了新的可能性。首先，加密货币市场是一个 7×24 小时的市场，意味着无论投资者身处哪个时区都可以随时参与投资。其次，加密货币市场本身是不分国界的，只要是合格投资者，都可以在这个市场进行投资。以上两点会有效提高市场中的交易深度和流动性，从而更好地发挥市场的资产定价作用。

### 2. 区块链通证经济在证券领域的应用机会

从通证经济的角度，区块链形式的证券就是代币。这意味着区块链项目可以通过发行代币来进行证券形式的融资，这也是代币经济在证券领域最直接的作用。针对证券类代币，下文会进行详细分析。

除此之外，当证券发行部门、交易所和结算机构将业务整体运行在链上时，就可以使用代币来进行相应服务的支付。

### 3. 区块链社区治理机制在证券领域的应用机会

在社区治理方面，由于区块链证券项目通常会把关注的重点放在合规性上，因此为了让交易符合证券的监管规则，这些项目通常会从治理结构上设立一个专门的审查或注册部门，用来对所有的交易地址和名单进行审核，以及对每一笔交易的参与方进行筛查。

此外，当链上服务的双方出现争端时，社区也可以通过投票的方式来对争端进行裁决。

## 三、区块链在证券领域应用的产品形态：证券类代币

### 1. 证券类代币的定义

这一节我们提出一个新的概念，叫证券类代币（Security Token，ST）。在前文中我们提出，将区块链技术应用到证券的交易结算领域，可以提高交易速度、降低交易成本，同时增强市场的流动性和深度。而证券类代币，就是在区块链上发行、流通、交易，代币化了的一类特殊的证券形态。更重要的是，它是合规的通证化的数字资产。

证券类代币有两个特点：

首先它被认定为证券的通证。证券的认定主要通过豪威测试（Howey Test）：

- 金钱或资产投资；
- 投资于共同事业；
- 投资有预期利润；

- 利润来自经营者或第三方的努力。

如果上面四个问题的答案为"是",那么代币就会被认定为证券,销售就要遵从美国 SEC 的监管。

其次,它是通证化的资产。与功能性代币的价值来自实际应用场景中的流通不同,证券类代币的价值主要来自其背后标定的资产或权利。

换而言之,功能性代币的估值方法主要是费雪方程式,而证券类代币则可以用我们熟悉的资产估值方法(现金流折现等)进行估值。

### 2. 证券类代币的分类

目前所说的证券类代币,理论上可以构建在绝大多数现有的金融产品上,即有价值的权利或产生现金流的资产上,包括但不限于股票、债券、期货期权、房地产信托基金、分级基金等。在 "Security Token 2.0 Protocols: Debt Tokens" 一文中,作者 Jssus Rodriguez 根据基础资产和金融模型的不同将证券类代币分为四种类型:

- 债务类通证,背后是一种债权或持续现金流;
- 股权类通证,背后代表了对一种资产的部分所有权;
- 混合 / 可转换通证,可以根据持有者行为在股权和债权中转换;
- 衍生类通证,价值来源于基础通证。

### 3. 证券类代币的优点
**证券类代币通过将证券代币化,提高交易的透明度、流动**

**性和效率**。它让投资者更容易、更透明地参与股票交易的同时，使传统意义上的股票交易流程进一步秩序化以及更清晰。

**证券类代币能降低清结算服务的成本**。对交易的清结算过程可以通过智能合约自动完成，从而降低原来中心化清结算机构的服务成本。

**证券类代币最大的作用在于跨市场资产互通**。举个例子，传统股票市场上常常会出现同一股票在不同交易所价格不同的情况（如 A、H 折溢价），而证券类代币可以做到跨市场资产互通，从而抹平不同交易所上的估值差异。

**证券类代币的出现将有助于目前加密货币投资市场的重新洗牌**。一方面，监管合规的要求更为严格；另一方面，随着专业金融机构入局，证券类代币投资的专业度要求会越来越高。

### 4．证券类代币的法规监管

在任何一个国家，证券都是金融监管的重中之重，无论是证券的发行、流通还是交易、结算，都需要在监管、合规的框架之下进行。我们以美国证监会（SEC）的监管框架为例进行探讨。

SEC 监管下的证券发行可以分为两类，分别是 Registered Security Offering（注册证券发行）和 Exempted Security Offering（豁免证券发行）。

（1）Registered Security Offering（见下图）

**美国注册制流程**

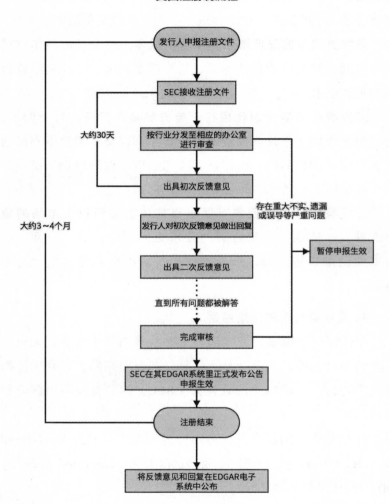

　　所有美国企业或投资人发行证券都必须向 SEC 注册，提供
与证券发行有关的一切信息，并保证其真实性。美国公司必须

要填写 S-1 表格，外国公司要填写 F-1 表格。之后 SEC 会确认表格并宣布注册有效，从而减少公司在未来陷入法律诉讼的风险。这是首次公开发行证券的公司必需履行的步骤。

美国注册制的突出特点是监管机构不对发行人的盈利能力做出判断，也不确保其信息披露的完整性和准确性。判断信息披露是否真实准确的责任由公司和相关中介机构承担，拟发行证券的价值主要由投资者判断。

注册的优点：

- 多样化的投资人池——公司能够接受许可和非许可的投资人。
- 公开征集——公司能够公开宣传其发售。
- 自由交易——证券能够立即自由交易和清算。
- 没有融资上限——公司融资总额没有限制。

注册的缺点：

- 成本——公开销售的全流程花销通常在 200 万 ~ 600 万美元之间。
- 时间——备案的准备期可能要达数月，而 SEC 对 STO（证券代币发行）的审阅可能比传统证券备案更久（可能会长达 12 个月）。
- 披露——作为备案的一部分，公司必须包括经审计的财务报表。
- 定期报告——要求至少每季度报告公司发展的具体情况。
- 等候期——在提交注册声明之前，不能有任何口头或书面的证券出售要约；在注册声明备案后且生效前，不得有出售证券的书面要约。

- 州法律优先——即便是注册发售也不能豁免于蓝天法条，并且必须在要发行的每个州注册其 STO（除非是在国家级证券交易所比如纳斯达克上市的证券，销售给合格投资者或由注册的投资机构出售）。

- 额外披露——如果 STO 被用作出售智能证券的工具，那么所要求的披露就会类似于其他证券发售；如果 STO 被用作销售合规的网络通证的工具，那么披露就不再适合，且公司需要和 SEC 沟通以创造一条新的路径。

（2）Exempted Security Offering（见下表）

| 法规 | 面向投资者 | 宣传方式 | 募资限额 | 披露标准 |
|---|---|---|---|---|
| Reg D 505b | 合格投资者和其他投资者最多35 个 | 不可以公开宣传 | 无 | 向投资者提供与 Reg A 或注册时一致的披露文件（包括财报），必要时需要三方审计 |
| Reg D 505c | 合格投资者 | 可以公开宣传 | | |
| Reg D 504 | 合格投资者 | 可以公开宣传 | 12 月内最多募集 500 万美元 | |
| Reg S | 境外合格投资者 | 可以公开宣传 | | |
| Reg A Tier1 | 合格投资者和其他投资者 | 可以公开宣传 | 12 个月内最多募集 2000 万美元 | 向 SEC 披露审计过的年报、半年报 |
| Reg A Tier2 | 合格投资者和其他投资者（有投资限额） | 可以公开宣传 | 12 个月内最多募集 5000 万美元 | |

上面的流程主要是针对一般证券的发行，但这中间较长的流程与较高的成本显然不适用于证券代币这类较新的模式。因此，市场将眼光投向了那些豁免条款上。

### Reg D：私募融资

根据 Reg D 发行的证券属于非公开募集，下面有三类准则：

Rule 504，在未来 12 个月内融资金额不超过 500 万美元，不能进行公开宣传，不过对投资人资质没有要求。

Rule 506（b），没有融资额限制，不能进行公开宣传，对合格投资人无数量限制，但要求非合格投资人控制在 35 人以下。

Rule 506（c），没有融资额限制，可以进行公开宣传，只能对合格投资者进行销售。这也是目前 STO 项目采用较多的方式。

RegD（506c）的优点：

- 融资额无限制。

- 公开征集——目前绝大多数的 1C0 项目都做了公开征集。但如果项目方还根据 RegS 在海外进行销售，那么公开征集的限制可能要符合当地的法律。

- 州法律优先——有担保证券不受蓝天法律的约束。

RegD（506c）的缺点：

- 只针对合格投资者——过去的证券发售表明，绝大多数资金都来自合格投资者。

- 限制性证券——根据 506（c）销售的挣钱在 12 个月内不能在市场上流通交易。这个限制对那些提供网络通证并希望他们可以在网络内快速交易使用的公司来说是很大的问题。

- 合格投资者认证——发行者必须采用合理步骤来验证每一个投资者的合格状态。

### Reg A+：小型 IPO

Reg A+ 是唯一一项规定在美国注册成立的公司，可以根据一般性招揽在 STO 出售（在交付后可以立即交易的）智能证券或合规网络令牌的豁免规定，因此又被称之为 Mini IPO，绝大部分发行人通过 Reg A+ 融资后都会准备去纳斯达克或纽交所上市。

Regulation A+ 规则下有两大类别：

Reg A Tier1，12 个月内融资金额不得超过 2000 万美元，关联方股东投资额不超过 600 万美元。

Reg A Tier2，12 个月内融资金额不得超过 5000 万美元，关联方股东投资额不超过 1500 万美元。

第一类融资金额较少，但只许披露未审计的财务报表，且不限制投资人投资金额；第二类融资金额较多，但须披露经审计的财务报表，且非合格投资人投资额不得超过其年收入或净资产的 10%，然而第二类融资可进行部分老股转让，使前期投资者套现。

RegA+ 的优点：

- 多元投资者——STO 向全球所有的投资者开放。
- 即时可转让——证券可在 STO 后立即自由转让，没有锁定期要求。
- 资本筹集高达 5000 万美元（在第二种情况下）。
- 州法律优先权（在第二种情况下）——证券的发行免于蓝天法律，但转让不予豁免，除非证券在国家证券交易所（如纳斯达克证券交易所）上市或转让给合格的买家。
- 市场营销——Reg A+ 可以成为一种优秀的营销工具，提供超出筹集资金的价值。

RegA+ 的缺点：

- SEC 审核——此过程耗时长、成本高，STO 最多可能需要 12 个月。目前还没有任何项目通过 Reg A+ 进行 STO。
- 经审计的财务报表——公司必须在发售声明中包含经审计的财务报表。
- 持续报告义务——公司必须提交年度报告和半年度报告。
- 美国或加拿大实体——如果 STO 用于不代表公司股权或债务的智能证券或符合规定的网络令牌，那么公司通常需要基于他们筹集资金的数额支付美国（包括州）和 / 或加拿大的税款。
- 州优先——蓝天法适用于二级交易。

### RegS：针对海外投资者

RegS 是对美国境外的非美国公民和机构发生的证券销售豁免，常见于国内企业发行美元债券时。海外投资者持有的证券只要不被转移 / 交易到美国，都符合 RegS 的监管。

RegS 的特点如下所示。

- 征集：证券的发售和销售必须发生在离岸交易中，且在美国国内没有直接的销售行为及意图。
- 本国企业：美国公司或是美国创始人提供和出售证券必须采取额外措施以遵守 RegS。
- 合规失败：未遵守规定将导致免于豁免，公司将违法美国证券法出售未注册证券。

# 四、区块链 + 证券行业产业链

证券类代币的产业链包括了资产通证化平台及标准、流动性提供方、交易所、钱包、衍生品、稳定币、监管机构、KYC 供应商、咨询服务公司、通证化基金、资产支持的证券类代币等。其中最主要的参与者是发行平台、证券类代币交易所和项目方。通常的流程是，项目方选择一个发行证券化代币的平台，通过 KYC 供应商、律所及其他技术服务方的服务达到相应的合规要求，在该平台上发行自己的证券化代币，并从市场上的合格投资人处获得融资。一段时间后，发行的证券化代币可到专门的持牌交易所上进行二级市场的交易流通。

发行平台为将现实资产映射为证券化代币提供了通用的标准化模板和流程。如前文所述，证券类代币与传统代币的区别在于：和现实世界的资产 / 权益联系得更为紧密，需要更多的外生监管及程序化。因此市面上的证券类代币发行平台都对此提出了自己的解决方案。最为人熟知的是 TokenSoft 在以太坊上提出的 ERC-1404 标准，该标准在 ERC-20 的基础上加了两个函数，一个是让代币发行者检查传送的代币是否在锁定期内及接收者是否在白名单内，另一个是解释一笔交易为什么会被限制。

除了以太坊的 ERC-1404 外，其他比较有名的发行标准和平台还包括了 Polymath、Harbor、Securitize、Swarm 等，Polymath 和 Swarm 还完成了各自的首次代币发行。这些平台的协议大部分都是基于以太坊修改的，并在其中加入了更多金融和监管的元素，如下表所示。

| 机构 | 定位 | 简介 | 融资 |
|------|------|------|------|
| TrustToken | 资产化协议 | 帮助传统资产代币化 | 2000 万美元 |
| Swarm | 资产化协议 | 通过自己的 SRC20 协议对现实世界资产进行代币化 | 550 万美元（ICO, SWM） |
| Polymath | 资产化协议 | 一个融合的法律合规的代币化证券的区块链协议 | 5900 万美元（ICO, POLY） |
| Securitize | 资产化协议 | 提供监管合规的云服务解决方案 | — |
| Harbor | 资产化协议 | 让传统投资机构无缝接入区块链的平台，主要针对传统证券产品的代币化 | 100 万美元（A 轮） |

在金融行业中，牌照从来都是重中之重。相对而言，证券的发行由于只用完成 SEC 的注册备案或遵循相应的豁免条例即可，所谓的发行标准和发行平台更多的只是提供一套技术协议，因此在发行侧受牌照的限制会相对小（不排除未来监管部门出台自己的发行标准或指定某家协议）。但是证券的交易历来是重中之重，也会更加严格地受到牌照的限制。在 ICO 时代，行业缺乏相应的法规监管，进入门槛几乎为零，币圈出现了数百上千家交易所。但在证券化代币时代，毫无疑问绝大部分交易所都无法获取相应的牌照。因此，牌照就成了考验交易所的第一条件。

证券化代币业务所需要的牌照主要有：ATS/ATLS 另类交易系统牌照、RIA 注册投资顾问牌照、BD 经纪商牌照、RAE 清算与交易执行牌照。

准备切入证券化代币市场的交易所有两类：一类是本来的加密货币交易所；另一类是传统证券市场的交易所。加密货币交易所对数字货币业务更有经验，但需要在传统监管内合规的牌照。传统证券交易所的牌照较全，但切入加密货币市场还需要更多的时间磨合业务流程。

目前，加密货币交易所中切入市场较快的是在合规方面领先的 Coinbase，tZERO 和 Templum 两家 2017 年成立的创业公司也把目光投向了这个领域。Coinbase 是加密货币领域实力最雄厚的老牌交易所之一，从 2017 年开始就陆续收购了一系列持牌金融机构，目前已经拥有了 BD、RIA、ATS 等多个牌照。tZERO 作为美国前十大电商公司 Overstock 的子公司，从成立后一直致力于提供合规的加密货币交易。值得一提的是，它在 2018 年 10 月刚刚完成了自己的证券化代币发行，如下表所示。

| 交易所 | 简介 | 进展 | 牌照 | 投资人 |
|---|---|---|---|---|
| Coinbase | 2012 年在美国成立，币圈老牌交易所，上币资产少而精 | 通过收购获得一系列牌照 | BD RIA ATS | YC、USV、A16Z、DFJ、Tiger 等 |
| tZERO | 2017 年成立，与 Box 成立合资公司，tZERO 提供交易系统技术、资金和管理等，Box 提供交易执行、合规、ATLS 牌照 | 刚刚完成自己的 STO | ATLS RIA RAE | 金沙江等 |
| Templum | 2017 年成立，为 ST 的发行和二级市场交易提供合规的解决方案 | 交易系统已上线 | ATS | 软银 |

另一类是传统交易所切入加密货币领域。除了伦敦证券交易所和纳斯达克这类大玩家外，马耳他、直布罗陀这类政策灵活性较强的小国同样对合规通证交易表现出极高的兴趣。此外

值得关注的是美国第二大私募股权交易市场 SharePost，其已经拥有了 ATS 和 BD 的牌照，并在私募股权交易方面有了近 10 年的积累，如下表所示。

| 交易所 | 背景 | 进度 | 合作方 |
|---|---|---|---|
| 伦敦证券交易所 | | | 创业公司 NIVAURA |
| SIX DIGITAL EXCHANGE | 瑞士交易所 | 2019 年年中推出 STO 交易所 | |
| 马耳他证券交易所 | | 2018 年年末推出 STO 交易所 | 币安，neufund |
| 直布罗陀区块链交易所 | | 2018 年第四季度推出交易平台 | |
| SharePost | 2009 年成立，一级股权交易平台。5 万名合格投资人，40 亿美金交易量。在开发 ATS 系统 | 2018 年下半年推出交易平台 | |
| OpenFinance Network | 2014 年成立，STO 发行商 Securitize 和 Harbor 与 OFN 确认合作 | 功能只有注册和 KYC，还无法实现交易 | 火币 |
| 纳斯达克 | | 2015 年已推出 linq 板块并有内测项目，但只面向机构和合格投资者。有未经证实的消息称纳斯达克在筹备 ATO 交易所 | |

前文提到的 tZERO 通常被认为是第一个合规的证券类代币项目，但事实上，通过 Reg D 豁免条款进行私募融资的绝大多数项目，在某种意义上都可以被认为是在发行证券类代币。因为绝大多数用户量不够大、使用场景不够强的项目，为了让自己的代币更有吸引力，通常都称会将一部分利润 / 收入按比例分配给持币用户，或者使用一部分收入 / 利润在公开市场上进

行回购（在金融学上，回购本身就是股利的变种），这就使得代币具有了证券的属性。虽然这让项目方具有了一定的灵活性，但较高的合规成本、更长的锁定期以及严格的投资者准入，都是目前摆在绝大多数币圈项目眼前的难题。

　　除了传统的发币项目外，另一类可能进行证券类代币发行的是那些可交易但流动性不高的资产类别，比如未上市公司股权或房地产基金份额。这类资产本身就已经有了一套完整的合规流程和交易市场，但苦于原有市场的流动性不足，因此可能会试水证券类代币市场。

# 第2节　案例分析

## 案例一　tZERO：首个STO项目

### 1. 项目简介

tZERO是美国十大网上零售商之一Over-stock（NASDAQ: OSTK）旗下的区块链子公司，它为证券类代币提供交易系统，帮助证券类代币投资者的资产更好地流通。同时它自身也采用了证券类代币的方式进行融资，并给予合格投资者以股利的分红回报。

tZERO目前拥有两个SEC注册的BD牌照（SpeedRoute LLC以及ProSecurities LLC）、一个衍生品技术平台（Digital Locate Receipt），同时提供专有路由技术服务（超过125家经纪商，提供连接、市场准入、智能订单路由和算法交易解决方案）和具备处理高吞吐量交易的能力（目前每天处理 1500 万～ 1800 万份传统证券订单）。简单来说，tZERO 提供的服务就是证券类代币交易所，而且是同时支持现货和期货交易。

tZERO 的融资模式实际上是从 ICO 转换到 STO。根据 Cointelegraph 相关报告可知，在 2017 年年底，tZERO 以 ICO 形式而非 STO 方式发起融资，在融资初始阶段，加密货币行业及传统行业的领军者便在 12 个小时内做出了 1 亿美元的融资承诺，可见其母公司的影响力之大。

## 2. 技术分析

tZERO 从技术层面是一个 Digital Locate Receipt（DLR）技术平台。DLR 是传统证券卖空规则 Locate 数字化以后的版本，其主要的技术解决方案是为客户提供一种自动执行传统 SHO 规则的 Locate 过程。所有的证券买卖交易都会被记录在区块链上，从而消除裸卖空带来的低效率价格配置，并让平台的证券借贷功能更加合规和高效。

SHO 是 SEC 在 2004 年制定的一项证券卖空规则，目的是解决大量卖空但未进行实际交付的证券对市场的潜在冲击。

目前 tZERO 自称该系统已经对接了超过 125 家经纪商，预计每天能处理 1500 万～ 1800 万份传统订单。

## 3. 代币经济分析

tZERO 的代币名为 tZERO Preferred（TZROP），是一种 ERC-20 类型的代币，累计募资额 1.34 亿美元，2018 年 10 月

完成了代币的生成。

持有代币的投资者可以以季度为周期获得 tZERO 公司 10% 的调整后收入，即发行材料中提到的毛利润。但是只有当公司该季度在 GAAP 下的净利润大于应当分给投资人的收入时，公司才会进行分红。

从代币名称 TZROP 上我们不难看出，tZERO 的代币本质上是一种优先股，这种代币实际上仅具有资产属性，而使用价值和治理属性几乎为零。持有代币的投资人不参与公司实际的管理和治理，投资回报就是可以获得股息的分红。这也是证券类代币和一般代币一个很大的不同之处。

### 4. 治理机制

事实上，tZERO 的核心业务（交易系统）本身并非架设于去中心化的系统之上，因此并不涉及治理机制问题。值得一提的是代币的生成与交易过程中涉及的治理部分。

首先，代码中有一个合约 Storage 专门用来管理投资人信息和权限，储存了投资人类别、以太坊地址、KYC/AML 所需的资料及其他数据，以及不同类别账户的管理权限等信息，从而可以实现复杂的权限管理。

其次，代码中另一个合约 Compliance 中包含了冻结交易地址以及编辑转账规则两个功能，而代币在每次交易前都会调用这个合约，如果不通过则交易无法进行。这是为了防止代币被转让给合格投资者以外的参与方。

### 5. 优缺点分析

tZERO 作为首个完成 STO 的项目，在行业内有着十分深远的意义和影响，它为 ICO 遇冷后的区块链项目融资提示了一条全新的道路。但同时我们也可以发现 tZERO 目前仍存在着一些问题：

第一，项目的落地进度较为缓慢，包括 DLR 和交易系统在内的主要产品都还在开发中，官网上也找不到项目的 GitHub 链接。

第二，tZERO 项目只是在 ERC-20 协议的基础上加上了一些简单的股利发放、投资者信息监管等功能，未来能否和其他证券类代币兼容尚且存疑。

第三，在治理部分中，核心的合约 Compliance 目前仍未开源，也就是说，这个代币交易中最核心的监管规则对投资人来说是个黑盒子，这在一定程度上会提高投资者的信任门槛。另外，项目方自己设置的监管规则能否和各国金融监管部门的要求合拍，目前也无法得知。

## 案例二　Polymath

### 1. 项目简介

Polymath 是一个帮助资产实现通证化的平台，并提供了一套标准化的底层协议 ST-20。通俗来说，就是 Polymath 让想发行证券类代币的项目方可以使用 ST-20 协议发行自己的代币，并在平台上找到一站式的合规服务。项目方只需要输入基本参数，设定好使用兑换的币种及兑换比例，就可以发行自己的证券类代币。简单来说，可以类比为证券类代币发行市场的以太坊。

Polymath 的平台上汇集了发行方、KYC供应商、开发者、法律代表、投资者等多方角色，而这些KYC供应商或者其他合规服务提供商都是第三方机构而非平台自身。项目方在平台上使用ST-20协议生成自己的代币，在平台上选择法律代表确定自己的合规要求，并选择开发者让他们将自己的合规要求写入到智能合约协议中，投资者通过平台上的KYC供应商完成认证后就可以购买项目方发行的代币。例如，如果一个实体决定只向认可的美国投资者发行股票，那么一个证券令牌架构将通过一个已验证的核对表，以确保该证券的任何交易都只能由授权名单上的美国投资者来完成。

### 2. 技术分析

技术方面，Polymath 在 2018 年 2 月提出了自己的 ST-20标准，主要是在以太坊 ERC-20 协议的基础上进行了一定的扩展，使项目方可以选择性地公开一部分文档、限制特定用户的交易、保证资金的公开透明，从而更加符合监管部门的要求。这些改进包括：

- 设定可以执行的白名单，从而确保交易的双方都是符合监管的投资者。
- 允许将某些地址列入黑名单。
- 可以限制某些特定地址或金额的传输。

目前，Polymath 尚未在官网或白皮书中较为详细地阐述自己的技术方案，也尚未正式上线自己的平台。但它已在测试网上发布了自己的 Toro 智能合约，进入了市场测试阶段。下一阶段需要经受更多的市场考验。

### 3. 代币经济分析

Polymath 的代币名称为 POLY，其总量为 10 亿枚，2018年 1 月通过 ICO 融资 2 亿美元，并于 2018 年 2 月正式发行并上线了币安、Bittrex、火币等多家交易所。该代币的应用场景包括：

- KYC 提供方、法律代表使用 POLY 进入 Polymath 平台并竞标提供服务。
- 开发人员用 POLY 代币来创建 STO 合同。
- 项目发行方使用 POLY 代币来支付法律代表和开发人员的费用。
- 项目投资人向 KYC 提供方支付 POLY 代币来完成 KYC 验证。

### 4. 治理机制

在治理方面，Polymath 设计了一种投票制度（见下图）来防止法律代表、开发者等第三方服务机构的欺诈行为。在代币成功发行前，系统会自动将法律代表、开发者从项目方获得的代币锁定，如果发行者对服务产生异议，则可以通过社区投票的方式来进行解决。

### 5. 优缺点分析

Polymath 是最早布局证券类代币发行市场的项目之一，应用方案较为完整。它提供了一种可以快速发行证券类代币的方式，并为后续的监管合规留下技术上的空间。但从目前来看，证券类代币市场仍然是一个非常新的市场，投资者门槛要求较高，受到各国法律监管，普通用户难以入门，更像是一个私募市场或是一级半市场。

另外，为了满足监管要求，需要对每一笔交易的参与方进行审查，这在一定程度上也违背了区块链去中心化的思想。

最后，目前市面上类似的证券类代币发行标准较多，且相互间差异并不大，在后续发展过程中如何快速拓展客户以及获取市场份额也是重点关注的方面。

## 案例三 Securitize

### 1. 项目简介

和 Polymath 一样，Securitize 也是一个证券类代币发行平台，旨在让用户通过一个名为数字化证券发行（Digital Security Offering，DSO）的操作流程来发行其证券类代币。

为实现这一目标，Securitize 构建了一个技术平台，提出了自己的证券类代币发行框架和协议，包括代币开发、监督管理、投资者服务、智能合约等业务。与 Polymath 不同的是，Securitize 为发行人提供了管理整个数字资产生命周期中所有元素的工具，从而使得发行主体可以在链上合法合规地完成证券从发行、投资、交易到分红、投票的全生命周期行为。

Securitize 构建了一个 DS（Digital Securities）的基础

架构生态，包括 DS Token、DS App、DS Service 三个部分。Securitize 专注于创建 DS 服务基础架构，该架构支持第三方开发的 DS 应用来解决数字化证券全生命周期中的各种问题。任何参与者都能够创建新的 DS 应用程序，从而为数字化证券带来更多价值，并以开放的方式扩展其功能。而不同元素之间的交互则由 DS 协议管理，该协议是由 Securitize 开发的一种分层的、可扩展的协议。它利用区块链的公开、分布式账本、不可更改的特性来解决合规问题，并向利益相关方提供价值。

## 2. 技术分析

Securitize 的生态系统（见下图）主要由以下三个部分组成：

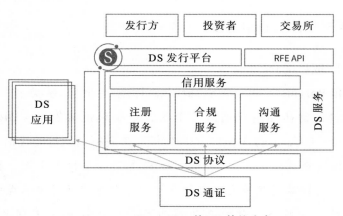

**Securitize 的 DS 协议生态**

来源：Securitize 白皮书

- **DS Token**：ERC-20 协议下的代币，同时扩展了 DS 协议的功能。

出于合规性的考虑，Token 的合约中加入了 transfer() 和 transferFrom() 两个函数，用来检查交易双方是否都是符合条件的投资者。此外，DS 协议还允许 Token 的发行方根据监管要求冻结钱包或者代币，并且提供了 DS 应用来遍历投资者列表，以便执行其服务功能（如发股息）。

- DS App：用来管理数字化证券生命周期中特殊事件的智能合约，比如用于证券发行的应用、用于交易的应用、投票应用或者发放股利应用等。这些功能与特定的 Token 绑定，比如某些 Token 具有投票权，某些 Token 具有分红权，等等。通常来说，App 的开发者会为发行者提供一些前端接口，以方便他们调用这些具体的功能执行。

- DS Service：DS 协议的基础层，确保了 DS Token 全生命周期的管理及合规。DS 应用可以使用这些服务来达到目的。这些服务包括：

  ❑ 信用服务：管理不同利益方之间的关系。

  ❑ 注册服务：用于链上投资者的信息注册。

  ❑ 合规服务：根据监管的要求实施适用于 DS Token 的特定合规性规则。

  ❑ 沟通服务：使投资者能够得到必要的沟通。

此外，Securitize 也为对接交易所提供了离链的 API（RFE），使得交易所能够更简单地与 Securitize 平台对接，从而改善投资者的体验。

### 3. 代币经济分析

Securitize 只提供了单纯的 Token 发行标准与平台，其自身并未发币，也就是说 Securitize 项目本身尚未进行 ICO 或者 STO，在白皮书中也未提到自身的代币经济。

### 4. 治理机制

由于 Securitize 并未涉及自身的代币经济，因此自身不涉及治理机制问题。然而对于在 Securitize 平台上发行代币的项目，Securitize 给出了一个完全中心化的治理机制，即所有行为都需要遵守合规服务中预先设定好的规则，同时只有监管机构能对规则进行调整。

### 5. 优缺点分析

相比于 Polymath 和 Harbor 等竞品，Securitize 在数字化证券协议的设计方面更进了一步。它不仅关注了证券化代币的发行阶段，还关注到了证券化代币的整个生命周期，并给出了自己的解决方案。它的设计方案包含了发行人、投资者、交易所、开发人员等多个参与方，因此提供了一个更加全面的生态系统。

但是，Securitize 本身并没有自己的代币体系，更像是一个结合了区块链技术的新的证券交易系统，反而不太像一个原生的区块链项目。生态内各环节的运转无法通过代币来进行调节，而需要中心化的监管机构以及更多链下的传统方式来进行操作，这也使它的创新性打了一定折扣。

## 案例四 世界银行债券发行

### 1. 项目简介

2018 年 8 月，世界银行发表声明称，世界上首个完全基于区块链发行和管理的债券顺利实现了募资，募资金额高达7300 万美元。该证券被命名为 Bond-i（Blockchain Offered New Debt Instrument），由世界银行牵头，澳大利亚联邦银行（CBA）负责开发创建。

### 2. 技术分析

该项目基于澳大利亚联邦银行自主开发的私有以太坊区块链，是在此基础上改造开发的私有链。私有链依然具有实时结算、数据难以篡改的特点，但是牺牲了公链去中心化的特性。

通过该区块链，投资者们的购买行为可以被实时验证和确认，不再需要系统耗费精力去核对，从而降低了发行成本并提高了效率。此外，世界银行的数据表明，通过区块链发行债券可以大幅度降低结算的时间，将其从几天缩短至几秒。对世界银行来说，其每年发行的债券规模可达 500 亿～ 600 亿美元，因此区块链带来的成本节约相当可观，并降低了结算对手的风险。

### 3. 优缺点分析

从技术层面上说，世界银行所利用的私有链并无太多创新。该项目最大的意义在于向传统金融行业证明，区块链作为一种新兴技术确实能在金融领域发挥巨大的作用，帮助金融机构加快结算速度，降低交易成本。但另一方面，虽然该项目利用了区块链技术来创建、管理和监管债券，但是它并不涉及任何加密货币或通证经济，仅仅是单纯利用了区块链技术。

## 案例五　京东金融推出资产证券化联盟链

### 1. 项目简介

2018 年 6 月，京东金融正式推出了和贵阳高登世德合作开发的资产证券化联盟链，该链也成了全球首个超过 100 万笔底部资产的上线区块链应用。同时，京东金融和华泰证券资管、兴业银行合作，成功设立了第一个基于该联盟的 ABS（资产支持证券）专项计划产品，并在深交所挂牌转让。

该 ABS 的基础资产是京东白条的用户端应收账款，华泰证券资管作为计划管理人，兴业银行作为托管行，京东金融作为资产服务机构。联盟链在其中起到了重要的技术支持作用，不仅首次完成了多方独立部署，将区块链技术应用到白条 ABS 这样复杂度更高的项目当中，还建立了能广泛支持各类资产的业务底层，夯实为 ABS 全业务链条的金融机构提供科技服务的能力。

### 2. 技术分析

京东资产证券化项目采用的是联盟链的形式，设置了三个验证节点，底层资产池中每笔贷款的申请、审批、放款等资金流转都将通过区块链由各个验证节点共识完成。这样就保证了消费金融服务公司的底层资产数据的真实性，且不可篡改，并帮助消费金融服务公司实现了资产保真，从而增加机构投资者信心，降低了融资成本。同时，各家机构间信息和资金通过分布式账本和共识机制保持实时同步，有效解决了机构间费时费力的对账清算问题。

另外，区块链上数据公开可查、不可篡改的特点，解决了资产证券化服务商模式的数据痛点，从而让资金方能透彻地了解底部资产，中介机构也能够实时掌握资产违约风险。

### 3. 优缺点分析

在本案例中，京东金融利用了区块链可以安全存储数据、保证数据不可篡改、智能合约可以自动执行、无须中心化机构干预和审核等特点，通过联合 ABS 市场中的多方参与者共同维护一套公共的交易数据账本，保证了账本数据的实时性和真实性，充分展现了区块链技术在证券发行、登记、结算方面的巨大潜力。

# 第 3 节　目前的问题及发展前景

## 一、区块链 + 证券目前的问题

### 1. 证券类代币的出现可能会导致进一步中心化

相比目前市场上繁多的 ICO 代币，证券类代币的一大特点就是其背后蕴含了现实世界的权益，如股权、债权、分红权、转换权等。权利的强制实施要么通过在代码里写明自动执行，要么通过链下的法规来保障。目前代码只能保证链上部分的资产权益，如数据资产，而和物理世界相关的资产权益仍然要靠中心化的法律法规来保障，那么必然会再次出现中心化的监督和执法机构。

### 2. 证券类代币的创新并不在于资产证券化

证券类代币的本质是证券的通证化，而不是资产证券化。要知道，无论是非上市公司股权、债权市场、房地产市场还是实物资产市场，资产证券化都不是一个新鲜的词汇（私募股权交易市场、ABS/MBS、REIT、文交所），STO 无非是换了一种形式，用 Token 作为资产和权利的载体。

### 3. 证券类代币短期的流动性并不会理所当然地提高

证券类代币作为一种证券，在发行后先要锁定一段时间，之后只能在合格投资人之间流转交易（Reg D 为 12 个月，Reg A+ 目前并无成功案例），将目前大部分的炒币用户隔绝在外，其流动性必然不会很高。单纯增加交易时间是不会提高流动性的。

### 4. 证券类代币的出现有可能提高资产流动性，但也可能孕育泡沫

锁定期到期后，随着门槛的降低，散户投资者有机会参与到原来很难接触的资产类别的投资中，比如非上市公司股权、债券、REIT 等，那么一定程度上会提高这些市场的流动性和估值水平。但散户投资者缺乏与这些专业金融资产相对应的投资估值知识，有可能会放大短期市场情绪，从而造成资产价格泡沫。

## 二、区块链 + 证券的发展前景

证券类代币的出现从技术角度讲并无太多创新，本质上是

华尔街利用区块链热潮，把资产证券化和证券通证化结合在一起炒出的新概念。可以预见的是，在这个市场上，无论是交易所、项目方还是投资者的数量，都会远远小于前几年火爆一时的 ICO 市场，但玩家会更专业。这个新的另类投资市场能否顺利发展起来，核心在于是否有足够的优质资产选择将自己代币化来进行融资，以及市场中的主流投资者能否找到合适的方式来对资产进行定价。一个新的市场能否顺利发展，一种新的资产形式能否得到投资者的认可，最重要的永远是资产质量本身。

# 区块链 + 保险

BLOCKCHAIN +

# 第 1 节    现状

## 一、保险的定义与分类

### 1. 保险的定义

保险是指投保人根据合同约定，向保险人支付保险费，保险人对于合同约定的可能发生的事故因其发生所造成的财产损失承担赔偿保险金责任，或者被保险人死亡、伤残、疾病或者达到合同约定的年龄、期限等条件时承担给付保险金责任的商业保险行为。[⊖]

保险最初的目的是为投保人提供一种稳妥可靠的保障。后来在发展过程中逐渐演变为一种保障机制，同时也是一个人进行财务规划和资产配置的一种必不可少的工具。保险既是一种针对未

---

⊖    源于百度百科：保险。

知的意外事故损失提前进行的财务安排，同时也是一种风险的转移与交易。从社会整体的角度来看，保险不但是社会保障制度中非常重要的组成部分，而且是社会对企业生产和个人生活的意外损失提供的"稳定器"。

历史上，保险的萌芽出现在海上贸易的借贷中。意大利在中世纪出现了一种叫作冒险借贷的产品，冒险借贷需要付利息，很像我们今天保险中所说的保费概念。但由于其利息过高，冒险借贷后来被教会所禁止而逐渐地消失。到了1384年，世界上第一张保单在意大利的比萨出现，由此宣告现代保险制度正式出现。此后，海上保险、火灾保险、人寿保险等各式各样的保险类型不断涌现，现代保险在逐步发展中慢慢成形。到了17世纪中叶，一个名叫爱德华·劳埃德的英国人在伦敦的泰晤士河畔建立了"劳合咖啡馆"，这个咖啡馆慢慢变成商人们分享航运和商业新闻并进行保险交易的场所，他随后便在咖啡馆内专门开展了保险业务。1696年，劳埃德将咖啡馆搬到了伦敦金融中心，这就是著名的劳合社的前身。同一时期，尼古拉·巴蓬在伦敦成立了第一家专门经营房屋火灾保险的机构，英国先后出现了"寡妇年金制"和"孤寡保险会"等组织，从而将人寿保险机构化。⊖

### 2．保险的分类

从保险保障的范围来看，商业保险主要可以分为人身保险、财产保险、责任保险、信用保险等。

顾名思义，人身保险的保险标的是人的身体、寿命或者健康程度，当被保险人在其投保期间出现保险覆盖范围内的人身

⊖ 源于百度百科：保险。

伤亡时，保险人就需要进行保险金的赔付。还有一些人身保险是以保险期满时被保险人的生存状况为保险标的。人身保险主要包括人寿保险、意外伤害险和健康保险等。

财产保险的投保标的主要是各类物质财产，保险人需要在物质财产本身或其对应的利益发生损失的时候履行赔付。

责任保险则是将被保险人的民事损害赔偿责任当作投保的标的的一种保险。企业、家庭、团体或者个人都可能在日常生活的各种活动中，对他人或组织造成损失，而需要承担法律上的经济赔偿责任。因此他们可以通过购买有关的责任保险，将这部分风险转嫁给保险公司，当这类事情发生时，可以让保险公司进行赔偿。

信用保险是以被保险人的信用风险作为标的物，投保人要求保险人在被保险人出现信用风险时进行赔付。这类保险通常发生在商业活动中，比如行业上下游存在款项的账期，需要对应收账款投保以防范坏账。

### 3. 保险的原理

保险的本质是风险的预期价值。举个例子来说，假如我有一栋价值 10 万元的房子，房子每年遭到破坏的概率是 1%，有 1 万人和我有相同的风险，那么这 1 万人整体每年发生的损失价值就是 10 万元 / 人 × 1 万人 × 1%=1000 万元。这时候如果每人每年交 1000 元，则恰好能形成一个 1000 万元的资金池。也就是说，通过将具有共同风险的人聚合在一起，并把风险进行稀释分摊，每人每年只需交 1000 元就可以在房屋遭到破坏时得到全额的保障。

从上面的例子中我们可以看到，保险是为了应对某些特定的风险事件，并对该风险事件所造成的损失给予一定的补偿。补偿的来源是所有投保人共同缴纳的保险费，实际上是一个互助的资金池。

## 二、保险行业现状

### 1. 保险行业发展现状

安永在 2017 年发布的保险行业年度报告显示，全球保险行业在 2017 年全年所获得的保费收入为 3.1 万亿美元，相当于全球经济总量的 6.7%，市场规模非常庞大。

而我国保险行业在 2017 年全年总共实现的保费收入高达 3.66 万亿元，比 2016 年提高了 27.5%，实现了增速新高。资产规模为 16.12 万亿元，位居全球第二。

尽管我国保险市场很大，但保险作为一种金融资产或投资性产品，在我国家庭的资产配置中占比不高，仅为 2.1%，远低于发达国家的水平（美国家庭保险资产占比达到 32.6%，日本为 26.8%）。如下图所示。在我国的传统社会观念中，普通居民对风险的意识普遍不高，加之传统保险偏重营销，造成普通居民对保险从业者的印象不佳，这都导致了我国家庭部门对保险资产的配置程度较低。但反过来看，当前保险资产占比较低也说明了我国保险市场潜力巨大，保险作为一种资产在居民部门的资产配置中有很大的提升空间。

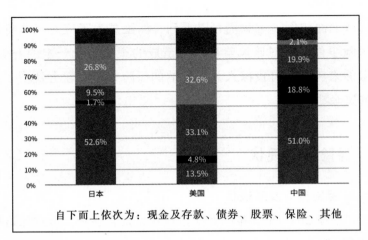

自下而上依次为：现金及存款、债券、股票、保险、其他

来源：中国产业信息网

除此之外，尽管目前我国保险市场已经成为全球增速最快的市场之一，但我国的人均保费额（保险密度）和保费在 GDP 中的占比（保险深度）仍然较低，分别仅有 329 美元和 4.2%，低于全球保险市场的平均水平（689 美元和 6.2%），这也说明保险行业在我国还有巨大的增长空间。如下图所示。

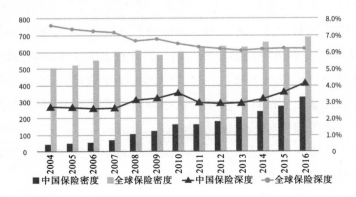

来源：中国产业信息网

## 2. 保险领域目前存在的问题⊖

（1）身份认证非常复杂。保险公司需要花费大量的精力在了解用户上（即 KYC），他们需要与 C 端用户建立直接的联系来验证他们的身份，这极大地增加了保险公司的运营成本。

（2）再保险不透明。一些赔付金额比较高、损失出现情况比较集中的保险，比如航运保险、巨灾险、农业险等，通常需要采用共同保险和再保险等模式在多家保险公司之间实现风险分散与风险共担，而目前这个环节通常信息是不透明的。

（3）保险公司存储了大量用户数据但并不安全。保险公司作为产业链中的核心节点，拥有大量的客户数据和信息，比如保单的数据、客户的个人信息、健康状况等，因此保险公司对数据库的安全性要求极高。一旦数据被泄露，将会给保险公司和用户造成不可挽回的巨大损失。

（4）理赔程序过于烦琐。保险的流程非常复杂，先需要通过精算模型进行定价，产品设计完成后需要进行合规审核。当损失事件发生时还需要人工来进行核保等，成本高，有很大优化空间。

（5）渠道成本过高。传统的保险机构非常依赖专门的中介即保险经纪人作为获客渠道，因此也要支付大量的费用作为经纪人的代理佣金和经纪人公司的运营开支。这部分成本最后都转移给了用户，导致保费价格昂贵。

（6）销售中心化。传统保险的特点是"渠道为王"。用户对保险的认知基本来源于线下代理人，用户对保险的信任很大程度上来自对代理人的信任。进入互联网保险时代，公众在保

---

⊖ 源于新闻《区块链技术如何颠覆保险行业》，点滴科技资讯。

险意识再教育、保障条款的信息对称以及在线投保工具的使用等方面的意识都有了极大的提高。但保险基于中心化信任的机制没有变化，保险产品的设计、承保、理赔主动权和解释权都被中心化机构掌握。而区块链保险则可能进一步甚至彻底解决信任问题，传统保险的中心化信任机制或许将被改造，代码信任或将实现真正保障投保人的利益。

# 三、区块链 + 保险的应用机会

## 1. 区块链技术与保险的结合

### 加强对欺诈的识别和对风险的防范

保险行业参与方众多、流程复杂等特点导致了诸多方面透明度不高，进而催生了许多的欺诈行为。当被保险人索赔时，他们先要将纸质文件提交给保险公司进行申请，之后还要等待漫长的核保等流程环节，整个过程非常缓慢。随之而来引申出的问题就是保险欺诈，即投保人可以将一项损失分别向多家不同的保险公司申请赔付，特别是当各家保险公司系统没有打通时。根据有关的统计数字，美国保险行业每年仅因为保险欺诈造成的损失和支出就高达 400 亿美元，而这个成本最终会被保险公司转嫁到普通用户身上，普通家庭每年因此需要多负担 400 ～ 700 美元的保费支出。

当前，各家保险公司主要是通过购买公开或非公开的付费数据来解决保险欺诈的问题。根据相关数据预测，到 2023 年，防范保险欺诈的数据市场将会达到 420 亿美元。虽然这类数据能够在一定程度上对过往交易中的欺诈行为进行识别，但是因为不同机构之间的信息难以共享和打通，所以还是会出现信息的不同步和不一致。另一方面，个人的核心信息如姓名、地址、生日等非常敏感和隐私，通常不能公开交换，因此对保险行业来说想构建一个全行业打通的反欺诈系统有很大的阻力。

然而，区块链公开透明、不可篡改的技术特性恰好可以在帮助保险行业反欺诈上发挥作用。保险公司可以将交易记录永久保存在全网共识的分布式账本中，并通过添加权限控制或者采用隐私保护技术来防止数据泄露，从而通过行业间建立共享账本来避免骗保等欺诈行为。

这会带来三个关键的好处：

- 消除双重记账，防止同一事故进行多次索赔。
- 通过数字证书创建所有权。
- 当保险欺诈的现象减少后，保险公司的利润可以得到提高，进而可以让消费者得到更低的保费价格。

举例来说，Everledger利用区块链技术创建了一个服务于买卖双方及保险公司的记录钻石所有权的分布式账本。公司将160万颗钻石进行了数字化处理并把所有权登记在了区块链上。这个指纹存储在不可篡改的分布式账本上。当钻石珠宝商试图伪造钻石被盗的报告，并将宝石作为新钻石出售时，由于每块钻石的特征都被存储在Everledger区块链中，保险公司就会在它们出现时收到通知并可以将钻石收回。

**自动理赔、优化流程**

财产和意外险（P&C）为一些资产如房屋或汽车提供保险，

其现在最大的困难在于收集必要的数据来评估和处理索赔。目前，这是一个容易出错的过程，涉及大量手工数据输入和不同主体之间的协调。通过允许保单持有人和保险公司以数字方式跟踪和管理实物资产，区块链技术可以通过智能合约编写业务规则并自动处理索赔，同时提供永久审计跟踪。<sup>⊖</sup>

通过智能合约，纸质合约可以被转化为区块链上的可编程代码，进而可以自动计算每个参与方的保险责任，并执行相应的流程。因此我们可以说，智能合约是一种区块链上的合同，它是在区块链基础上产生的可以用代码来自动执行的两方或多方协议。

此外，区块链不仅可以优化保险公司的后端效率，还可以为客户带来卓越的用户体验。例如，DocuSign 与 Visa 合作，一起研发了一个新的区块链框架，基于区块链将给汽车上保险的步骤进行了简化。该流程中从选择汽车款型到为其购买保险的每个环节的行为，都会在区块链上进行记录、更新和验证。

**增强交易与结算的效率和透明度**

区块链优化保险行业流程的另一个例子是再保险。再保险的作用在于让保险公司可以将特定的风险进行转移，在多家保险公司之间分散，特别是应对某些极端事件的风险，如飓风或地震等。但再保险行业的现状却是流程臃肿繁复，效率十分低下。

通常来说，保险公司会将不同的风险投保给不同的再保险机构，随之而来的要求就是在处理索赔时数据必须被多方共享。

---

⊖　源于新闻《应用 | 区块链＋保险，最全最深入的设计思路就在这儿了》，圆石财经。

但各家机构之间往往有不同的数据标准，进而在理赔时常常会出现对合同应该如何解释和实施的分歧。区块链的分布式账本技术，有可能让保险公司与再保险公司之间的信息流动变得简单，进而优化和改进目前的再保险行业。保险公司和再保险公司可以共同维护同一个账本，上面记录具体交易的保费设计和损失约定，因此可以简化不同机构之间的核对流程。普华永道曾在一份报告中预计，区块链技术能够帮助再保险行业简化流程并提升运营的效率，从而将行业的成本降低 5 亿 ~ 10 亿美元，并使得消费者需要支付的保费下降 5% ~ 10%。

## 2. 区块链通证经济与保险的结合

目前市面上绝大多数保险公司尝试区块链，都只是部分应用了区块链相关的技术，在代币方面较为谨慎，试水者寥寥。值得一提的是众安科技在 2018 年 10 月发布的《基于区块链资产协议的保险通证白皮书》，其中提到了在开放资产协议的基础上推出保险通证（Policy Backed Token，PBT），可以将其看作是传统保险企业在代币经济方面的一次重要尝试。通过开放资产协议将资产通证化，一方面解决了之前资产只是存放在区块链上而无法流通的问题，另一方面可以为全行业提供一致的接口与数据格式，大幅降低再保险、共保、渠道对账等场景下的对接成本和数据审核成本。更重要的是，通证资产可以让保险条款更加透明，同时保证了数据和保险资产的真实性。

我们有理由期待，在未来的保险行业中，数字通证将在资产流转、隐私信息保护、搭建行业标准等方面发挥更大的作用。

### 3. 区块链社区治理结构与保险的结合

目前市面上绝大多数保险机构尝试区块链技术的项目都以联盟链或私链为主，要不就是仅使用了区块链技术中的一小部分（比如外部预言机）来优化自身业务流程，基本不涉及社区治理方面。但是笔者认为，保险领域中依然有社区治理机制发挥作用的空间。

比如在理赔环节，目前保险公司都有专业的人员进行核保定损，这中间很容易产生利益冲突或是寻租问题。而通过 DAO（分布式自治组织），社区成员可以通过投票来判定是否应当进行理赔，或者选择自己信任的代理人进行投票，从而把权力还给真正的投保人。而如果担心社区的裁决不够专业，那么可以设立专业的委员会，允许社区成员通过申诉的方式来解决争端。

# 第2节 案例分析

## 案例一 MediShares

### 1. 项目简介

MediShares 提出采用区块链的方式建立一个相互保障合约市场。它的基本思想来源于古老的互助保险，每个人都可以锁定 MDS 代币来购买一个基于智能合约的保障产品。用户不但是保险的投保人，同时也是公司的所有者，任何人都可以在 MediShares 平台及智能合约模板上发行自己特定的相互保障合约，并且可以得到代币的激励。而当发生互助事件时，用户可以引入平台认可的第三方来对事件的真实性进行核实，一旦核实后就可以通过智能合约自动获得赔付。

## 2. 技术架构

MediShares 是架构在以太坊上的协议及 DAPP，系统的核心组件包括以太坊、智能合约、DAPP、Oracle 以及 IPFS，技术上并没有太多的新意。如下图所示。

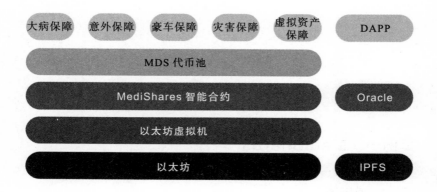

## 3. 通证经济分析

MediShares 的代币 MDS 可以用在进入市场获取保障、发起保障以及事件发生获取赔付时。

当用户希望加入某项保障时，需要将代币发送到对应的合约中。在创建合约时，发起方会预先设定一个参数 a（≥ 1），a% 中有 1% 是使用平台的手续费，剩余部分的 10% 会被直接销毁，剩下的被平台回收。智能合约会把其余的（100−a）% 部分锁定，这部分代币要么会以互助均摊的方式被扣除，要么用户自己主动提出退出合约（见下页图）。

当锁定的 MDS 代币余额不足以支付当下的均摊额时，用户就会自动失去被保障的资格。如果用户希望继续被保障，就需要给合约重新支付 MDS 代币直到自己的锁定余额大于当时的均摊金额。

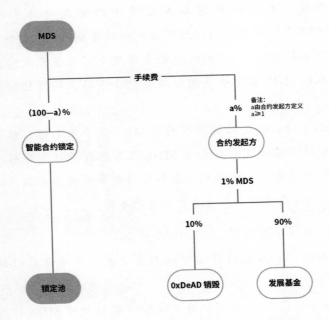

当用户想要退出保障时，可以向智能合约发出指令，合约就会自动把扣掉手续费和均摊额之后的代币原路退到用户的钱包内。

MediShares 不仅针对个人，还欢迎组织的加入。个人用户可以为自己及亲朋好友执行加入、续费和退出的操作，机构用户则可以对员工执行批量操作。

合约只有符合社区的保障标准才能在 MDS 的市场上架，主要标准包括：

● 遵守 MediShares 的社区治理条例。

- 遵守 MediShares 统一约定的手续费标准。
- 可以通过 Oracle 或者见证人 / 监督人机制判定赔付结果。

合约发起方将获得加入保障合约时支付的手续费的 40%MDS 作为奖励，同时他需要支付创建合约的以太坊 gas 费用，还要抵押一定的 MDS 以避免市场上有大量无效的保障合约，抵押 MDS 数量越多的合约越会在市场上获得较好的展示曝光。

MediShares 的赔付同样通过 MDS 代币来进行。想获得赔付的申请人需要先将一部分 MDS 代币进行抵押，并引入得到平台认证的第三方评估机构来核实赔付事件的真实性。赔付的金额根据年龄系数和扣费系数而有所不同。

### 4. 社区治理机制

MediShares 的社区治理机制主要在用户申请赔付时发挥作用。

每个社区用户都可以通过缴纳一定数量的 MDS 作为押金后，成为见证候选人。患者在提出救助申请后，智能合约会通过随机算法提供优选见证人，见证人会与患者见面并审查相关信息，将所有资料归档，签名确认，在赔付完成后获得 MDS 奖励。如果申请人造假而见证人未能及时察觉，那么见证人缴纳的押金会被没收。

此外，如果用户发现存在可能的欺骗情况，则可以通过匿名方式抵押一定的 MDS 资产，举报欺骗行为。管理委员会进行调查后如果属实，那么举报人将会获得申请人抵押的 MDS 作为奖励，如果举报有误，举报人抵押的 MDS 就会被管理委员会没收。

通过见证人 / 监督人的机制，将权力下放给社区，同时设定奖惩规则，可以更加有效地保证合约的公平执行。

### 5. 优缺点分析

MediShares 利用智能合约解决了保险产业中的资金安全问题，提高了保障合约的运营效率；使用通证经济来激励用户使用合约并突破了地区性市场的限制；采用 DAO（分布式自治组织）来完成赔付和清算，提高了运营的效率。从设计思路和技术方案上来看，有很大的创新之处。

但是另一方面，我们也要看到，由于使用了代币作为保费缴纳和赔付的手段，导致代币二级市场上的价格波动会严重影响保险的价值，因此不利于大范围推广使用。此外，采用社区自治来进行核保，对社区用户的专业程度和职业性要求都非常高，在起步阶段显得不太现实。最后，根据项目官网显示，2018 年 Q4 要进行预生产运行，但是目前我们在公开渠道并未看到项目已经投入了实际使用，因此项目在落地进度上与白皮书上的计划差别较大。

## 案例二 Teambrella

### 1. 项目简介

Teambrella 是一家基于区块链技术的去中心化 P2P 保险创业企业。与一般保险企业相比，Teambrella 最大的不同在于它完全去掉了中介机构，用户互相之间进行参保，社区拥有核保与仲裁的决策权。

　　具体来说，用户可以在 Teambrella 的平台上创建或者加入自己感兴趣的类目或者自己所在地区的组别，目前平台上已有的小组包括宠物、自行车、汽车等，地区上则有美国、德国、俄罗斯、阿根廷、荷兰和秘鲁（见下图）。

　　来源：Teambrella 官网截图

## 2. 技术分析

　　Teambrella 较为独特的技术要点在于，它采用了多重签名钱包，平台方完全不碰用户的资金，每个用户的钱包都由他自己以及所在小组共同控制，这意味着除了用户自己及其所在小组外，其他任何一方（包括 Teambrella 自身）都无法接触资金，这防止了平台舞弊的可能性。

　　在产品设计上，Teambrella 包含四个交互的层级。

**覆盖层**

每一个互助小组的组员都可以为其他组员提供P2P的互助保障。被小组认为风险较高的成员需要提供他人更多的保障覆盖。

**社交层**

Teambrella抛弃了传统保险公司的组织架构，而让小组的组员之间可以直接进行充分的社交互动与沟通，并且从保险的索赔方而不是理赔方的立场进行评判。这有助于激发他们的同理心。

**决策层**

最终的决策将来自小组组员之间的交流、商讨与投票。而在投票时，Teambrella允许小组成员指定一位代表来为他投票。

**区块链层**

小组的组员只需要一个以太坊钱包就可以便捷地支付理赔申请。委托了代表投票的成员还要再另外支付20%给为他投票的代表。同时，专业的代理（proxy）需要使用Teambrella（TMB）代币购买代理执照。

### 3. 通证经济分析

在Teambrella产品体系中，用户投保支付的保费是以以太坊结算的，这在一定程度上避免了自身代币价格波动过大的问题。而其自身的代币TMB的主要使用场景是，当部分用户想要代表其他用户投票从而充当代理人角色时，他们需要使用TMB来购买平台内部的代理执照。团队原本计划在2018年第三季度进行代币发售，但是截至目前，依然没有看到代币的相关信息。

## 4. 社区治理分析

相比乏善可陈的代币经济，Teambrella 在社区治理结构上明显花了更多的心思。首先，Teambrella 不会使用任何形式的资金池，小组成员能够直接使用他们所控制的以太坊钱包支付理赔申请款项。拒绝理赔申请并不能让 Teambrella 获得任何收益。其次，当一个社区成员提出理赔申请时，是否进行赔付是由该用户所在小组进行投票决定的，而且这个投票并不是完全民主，而是液态民主，即每位组员都能指定一位或多位代理代表他们进行投票，实际进行了投票的组员和代理将获取由小组发放的补偿。这也意味着，如果用户愿意为社区投入更多精力，他甚至可以成为一个专业的代理。最后，每次投票中所有人的投票记录都是公开可查的，如果一名用户提出的有效的理赔申请被另一名用户投票反对，那么当这名用户提出理赔申请时，最初被他投票拒绝的用户也会反过来拒绝他。

## 5. 优缺点分析

Teambrella 从根本上消除了中间机构的利益冲突，保证了资金的安全，并采用社区自组织的方式来保证理赔过程中的公平。下表从几个方面比较了 Teambrella 与其他保险。

|  | Teambrella | P2P 保险 | 基于预言机的保险 | 定期互助 |
|---|---|---|---|---|
| 基础 | 客户之间的同理心 | 客户之间的信任 | 对于风险的精确计算 | 对于风险的精确计算 |
| 监管方 | 消费者及其代理 | 保险公司 | 预言机 | 保险公司 |
| 监管方式 | 投票与"黄金准则" | 政策与规定 | 智能合约 | 政策与规定 |
| 利益冲突 | 无 | 有，部分转移 | 无，仅针对自动化预言机 | 有 |

但是另一方面，把权力完全还给社区并不是没有副作用。首先，社区成员进行投票是义务行为，其专业性和及时性都难以保证，可能出现用户急需获取赔偿但小组成员迟迟未能投票的情况。其次，社区投票仍然有舞弊和寻租的可能性，即部分用户联合起来进行骗保。再次，项目的进度较慢，到2018年年底只有6个小组，加起来不到1000名用户，这也说明，这些去中心化的保险项目仍然要面临流量与用户获取这个最大的难题。最后，虽然是采用了社区自治、社区互保的方式，但是如何为风险定价依然是个问题，如果不能专业地进行定价，那么这个互助自治组织很难长期稳定地发展下去。

## 案例三　法国安盛 Fizzy

### 1. 项目简介

安盛保险集团（AXA）是全球最大的保险集团，其尝试推出了自己的区块链保险产品 Fizzy，主要针对航班延误理赔。简单来说，Fizzy 是一个在以太坊网络上构建的智能合约产品，它从可靠的外部数据源抓取航班的延误数据，如果数据达到了保险条款中预设的条件（通常为2小时），智能合约就会被触发并自动对用户进行赔偿。安盛将 Fizzy 称为一款完全自动化和安全的保险产品，可以为航班延误管理提供参数化保险。而安盛也凭借 Fizzy 这款区块链保险产品成了全球第一家使用区块链技术设计产品的大型保险集团。

## 2. 技术分析

Fizzy 的底层构建于以太坊网络上，并采用以太坊的智能合约来设计保险支付的触发机制。智能合约将全球空中交通数据库作为可靠的外部数据源，进行实时对接来获取航班的延误时刻信息。一旦智能合约抓取到某架航班的延误超过了 2 小时，合约的赔付机制就会被自动触发，赔付的保费会自动打到投保人的账户，而无须安盛的人工进行干预。目前 Fizzy 的理赔还是使用法币来进行支付。

由于 Fizzy 项目并不涉及发行任何的代币，且所有的理赔和仲裁过程都是中心化的机器执行，不涉及任何的社区治理内容，故这里略去经济模型与社区治理机制的讨论。

## 3. 优缺点分析

目前 Fizzy 产品还处于试点阶段，暂时提供了法国戴高乐机场与美国机场之间的直飞航班。虽然试点覆盖的航班数量不多，但该项目的意义却十分重大。Fizzy 是第一个由主流的保险公司设计开发并推行的区块链保险产品，它为未来区块链在航空保险领域的落地应用提供了一个很好的范例和思路。

但是，目前项目对区块链技术的使用较为初级，仅涉及使用外部预言机来自动提供判断理赔所需的关键参数。未来在代币经济及治理机制上，应当还有进一步的尝试空间。

## 案例四 上海保交所联盟链项目

### 1. 项目简介

保交链是上海保险交易所在 2017 年 9 月宣布推出的区块链保险行业平台，是国内保险领域应用区块链技术的标志性项目。保交链由上海保险交易所发起，面向行业联盟的内部成员开发。保交链在行业公司之间的清结算、行业反欺诈、合规监管等方面都有落地的应用场景，可以帮助不同保险公司之间的交易数据共享，从而提高整个行业的效率。

### 2. 技术分析

保交链研发并装载了支持国密算法的 Golang 包，并与上海交通大学密码与计算机安全实验室合作进行了有效性和安全性测试，使得保交链在实际运用中更加安全可控；保交链支持国际标准密码算法，可满足国际化业务的安全要求。前期保交所与上海交通大学密码与计算机安全实验室签订了框架合作协议，致力于打造安全可靠的区块链底层技术平台，推动金融系统密码算法国产化（见下图）。○

---

○ 源于《上海保交所落地区块链底层平台保交链 每秒处理 5 万笔保单数据》，金色财经。

保交链的节点部署方式有本地部署和保交所云平台托管两种，企业可以根据自身实际情况与需求自主选择，让部署周期更短，部署成本更轻，从而让各种类型的机构都能方便、快捷地接入进来。

除此之外，保交链的开发界面非常简单，易于上手，并提供了标准的 API 和 SDK 以方便开发者进行应用开发、系统的管理运维以及功能的快速迭代。

除此之外，保交链还兼具其他四个特性：

一是监管审计。保交链配置了特殊的监管模块，允许监管机构链上审计，使机构可以满足合规性要求。

二是性能可靠。保交链针对性地对底层平台进行了性能优化，并调整了参数的配置，使得平台在性能上可以满足企业级应用的需求。

三是监控运维。保交链有一整套完善的监控系统，对每一个区块、交易、网络及存储都进行了实时监控，并在系统层和应用层分别设置了实时预警。

四是多链架构。保交链的底层架构在设计时综合考量了性能、可靠性、安全和可扩展性的要求，实现了一键部署多链运行。

保交链采用的是联盟链技术，故不存在代币模型。同时，联盟链内的节点为保交所自身及另外九家保险机构，治理机制也较为简单。

### 3. 优缺点分析

"保交链"是国内保险行业第一个正规军试水区块链技术，它在清结算、反欺诈、合规监管和保险交易等多个方面都有望成为未来行业发展的标杆。通过在联盟内部建立统一的区块链底层平台，保交链有望打破保险行业不同公司之间的数据孤岛，实现有效数据资源的共享，优化整个行业的效率。

但另一方面，保交链和安盛Fizzy一样，都还只是行业内部封闭的系统，还不算是一个真正开放的区块链系统。它虽然提高了上下游之间的交易效率，但是在防止舞弊与寻租方面依然有更大的改进空间。

## 案例五　美国医疗保险行业巨头发起区块链联盟

### 1. 项目简介

2018年，美国几大医疗和保险行业巨头企业联合健康集团（UnitedHealth Group）、Humana、Multichain和Quest Diagnostics宣布将一起开发一个新的区块链试点，用以提高数据质量，并降低运营成本。最近加入该联盟的还有美国最大的非营利健康系统Ascension以及CVS Health-Aetna，后者估计拥有2200万会员。

### 2. 技术分析

目前，项目尚未对外透露具体的技术思路，因此，项目是会基于已有的区块链平台还是会重新开发自己的专有区块链，还不得而知。但根据公司对外的发言，可以判断该项目旨在解决行业中数据校对的痛点。在原有体系中，各家保险公司的数据是不互通的，每家只能看到自己的数据，但这些数据有可能是过时的或存在错误。相关数据表明美国的联邦医疗保险优先计划中存在大量的错误信息，这些错误信息将会导致医疗服务延误，从而影响客户并可能导致客户被处以罚款。

目前全球每年在医疗数据存储这一领域的支出高达 21 亿美元。而通过区块链技术的去中心化安全存储和实时同步所有副本，各家医疗机构间可以共享数据，以提高数据的准确性，简化管理，便于对医疗保障的访问，并大大降低成本，让多方共享临床信息成为可能。

### 3. 优缺点分析

该项目又是一个区块链技术在传统行业巨头落地的案例。项目利用了区块链的分布式数据库特性，解决传统保险公司之间数据无法打通、更新不及时的痛点，再次验证了区块链技术在保险领域应用的巨大潜力。

不过，目前尚无法从公开资料获知项目的具体技术细节，因而无法从技术角度对项目的开发质量进行判断。

# 第3节 总结讨论

## 一、目前区块链＋保险的尝试尚处于表面

　　虽然近年来无论是国内还是国外都出现了众多保险公司及相关机构主动试水区块链、与区块链技术结合的案例，但从目前实际的技术应用上看，区块链技术对保险行业尚停留在表面的影响上，而对保险行业实际业务的影响深度非常有限。

　　从目前的区块链在保险行业的应用实例来看，区块链的核心特点（比如去中心化网络、全网共识机制等）并没有得到很明显的应用，反而更类似于搭建了一个新的半开放的中心化的平台。对于那些在平台上的中小企业来说，可能短期在一定程度上降低了保险的执行成本，提高了效率，并取得了相对较快的发展，但从长期来

看，区块链平台其实更像是核心的大保险公司为了进一步拓展市场份额、降低同业竞争、吸引中小企业进入的方式，一步步地形成大吃小的寡头垄断之势。随着联盟链成为区块链保险的主流，大型险企抱团的情况将会越来越多，联盟链市场也开始出现泡沫。

## 二、未来大规模商用需要解决系列技术难题

当前阶段，受限于技术的成熟度不足，区块链整体应用水平尚停留在技术验证的环节，距离达到商业推广的要求还有差距。而区块链技术将来如果想真正在保险领域落地，还需要面临以下技术方面的问题：

首先是数据的隐私保护。区块链的特点是交易信息全网广播，全部节点形成共识，从而保证它不可篡改。但全网广播带来的风险就是数据被泄露或者监听的可能性大大提高。目前学术界提出了诸如零知识证明、同态加密、多方安全计算等多种思路，但都还需要实际的验证。

其次是需要和其他新技术进行结合。区块链本身不是数据的创造者，只是数据的可信传输与价值分配网络。要想收集到更多、更准确、更透明的数据，还需要和移动互联网、物联网等新技术进行更加深入的对接与结合。

最后是区块链性能的改进。目前的主流区块链特别是公链技术，为了达到去中心化和多方共识，不得不在一定程度上提高能耗、牺牲效率，带来的结果就是性能难以达到实际商用的

要求，比如比特币和以太坊区块链每秒仅能处理不到20次交易。未来只有性能不断优化，满足商用需求，区块链才能真正和实体商业相结合。

## 三、互联网保险转身区块链，机遇与风险并存

由于理念较为相近，目前在尝试区块链技术上最积极的其实是前几年火过一阵的互联网保险。与传统保险公司代表的是主要股东的利益不同，互助保险公司代表的是所有参与这个保险的人的利益，同时风险也是由全体参与者共同来分担。从某种意义上说，区块链保险可以说是互联网互助保险的加密化和社区化。但是，互联网保险试水区块链仍然面对一些潜在的风险：

（1）首先是监管风险。目前我国保险公司的监管统一归于银保监会，而银保监会可以在任何时间叫停目前这些区块链保险公司，特别是目前国内通过发行代币融资有着极大的政策风险。

（2）其次是信任风险。在我国，目前保险行业依然是一个非常重销售的行业。区块链保险想真正被广大普通用户认可，除了在技术上的创新以外，更需要回答的是用户关心的问题，比如保险公司自身的资质和实力，保险产品的条款是否有"坑"，当发生意外事件时是否能够快速便捷地获得理赔。目前区块链主要能解决的是最后一点，即通过智能合约自动触发，利用程序化执行指令的特性来提高保险理赔环节的效率。

　　虽然面临着诸多挑战，但我们依然看好具有保险行业经验和互联网思维的公司，以及行业内人员利用区块链技术来改进保险行业。可能在一开始需要从一些核保较为简单、更类似于对赌属性的险种开始尝试。

# 区块链 + 票据

BLOCKCHAIN +

# 第 1 节　现状

## 一、票据的定义

票据的概念有广义和狭义之分。从广义上说，票据包含所有的有价证券和凭证，如股票、企业债券、发票、提单等；狭义上的票据，即我国《票法》中规定的"票据"，包括汇票、银行本票和支票，是指由出票人签发的、约定自己或者委托付款人在见票时或在指定的日期向收款人或持票人无条件支付一定金额的有价证券。[⊖]可见，票据是一种特殊的证券。

票据的雏形最早源自罗马帝国时代。当时流行的一种"自笔证书"是由债务人交给债权人持有的，债权人需要出示证书来要求债务人还

---

⊖　源于百度百科。

款。获得付款后，债权人要把证书返还给债务人。这种"自笔证书"，可以看作现代票据最早的尝试。

明代末期，山西地区的晋商开始设立"票号"，主要业务为汇兑及存放款，逐步演化为后来的"钱庄"，并在清朝中期盛极一时。当时票号可以签发票券，这可以看作现代的汇票及本票的雏形。

票据作为金融市场中重要的组成部分，拥有支付和融资双重作用，具有价值高、承担银行信用或商业信用等特点。票据的票面金额、付息及到期日等重要的信息，一旦确定并开票就不能再有改动。同时，票据的另一个重要特点就是它的流通属性，在它到期兑付之前都可以被用来进行贴现、托收、承兑、背书等各种各样的交易，这些交易一经成交无法再撤销。从流通的角度讲，票据主要有两个特点：第一，银行承兑汇票无论在数量还是流通量上都远大于商业承兑汇票；第二，票据业务的企业授信和风控是由各个银行各自独立进行的，但单个银行做出的评估与风控结果很有可能会对票据交易各环节中的参与者都产生影响。

## 二、票据的分类

票据可以分为汇票、本票和支票。

汇票算是我们平常见到最多的一种票据类型。从票据法的描述来说，汇票由出票人签发，要求付款人在看到汇票时或者在一个特定的日期无条件地将确定金额支付给持有汇票的人或是特定收款人。汇票是国际贸易结算中使用最广泛的一种信用工具。

　　本票指发票人自己于到期日无条件支付一定金额给受款人的票据。这种票据只涉及出票人和受款人两方。出票人签发本票并自己承担付款义务。本票一般应载明："本票"字样，无条件支付承诺，受款人或其指定人（无受款人名字则以持票人为受款人），支付金额，签发日期和地点，付款日期和地点，发票人签名等。按票面是否载明受款人姓名，本票可分为记名本票和不记名本票。按票面有无到期日，本票可分为定期本票和即期本票。本票不需承兑，出票人出票后即承担付款责任。⊖

　　支票由出票人签发，并且委托支票的存款行或其他机构在见到该支票时无条件地将一定数目的金额支付给收款人或票证持有人。支票的特征有：第一，支票的付款人必须是具有支票存款业务资格的银行或者非银行金融机构；第二，我国支票没有承兑制度，只有即期支票。

## 三、票据的现状与问题

　　票据的核心价值在于满足企业对于流动资金的需求，并且是市场化的利率，因此一直受到金融机构以及监管部门的重视。但传统的纸质票据由于效率较低、成本偏高，所以过程易出错，多年来一直制约着行业发展。

　　从 2009 年起，电子票据开始在我国使用，目前的情况是纸

　　⊖　源于百度百科。

质与电子票据并存。但直到 2015 年上半年，电子票据的使用率仅是 28.4%。这主要是由于纸质票据流通性很强，只需加盖有效的公章即可，对中小企业来说记账十分便捷，而电子票据则需要接入银行系统，相对更为复杂。电子票据使用率偏低给我国银行的监管以及中小企业都带来了重重困难，市场上伪造纸质票据的情况层出不穷，例如克隆票、变造票等。

在交易环节中，目前市场上也存在着一票多卖、出租账户、清单交易等违规行为，更催生出了一票钻漏洞的票据掮客。由于票据市场不透明、不规范，已经成为融资套利和规避监管行为的温床。

最后，在现有的银行承兑汇票的业务逻辑之下，银行只能依据文件进行形式审查，而缺乏对贸易实际情况的了解与掌握，因此在风控上存在着很大的缺陷。

## 四、区块链 + 票据的应用机会

### 1. 区块链技术在票据行业中的应用机会

第一，利用区块链技术可追溯、不可更改的特性，区块链票据系统能够通过时间戳来记录每一次交易的流向并在全网进行同步，记录票据完整的生命周期，从而让流程透明化、公开化，更加便于监管部门进行全流程监管，进而可以防止部分商家虚假开票或者一票多用的问题。

第二，区块链的去中心化特性意味着，不再需要一个专门的第三方来对票据进行真伪验证，从而实现了点对点的直接传递。这也将消除或重构票据中介这一角色，那些单纯依靠信息差赚取差价的票据掮客将不复存在。

第三，现有的票据除了单纯记账外，还有开立、回购、流转等一系列的流程。而区块链能够通过优化目前的组织架构和管理体系，提升管理决策的效果，同时通过智能合约以编程的形式自动执行各个环节，进而提高整个票据市场的运作效率。

第四，是大家十分关注的隐私问题。目前如果开具发票，那么双方的所有信息都会登记在案，隐私安全是一个重要的问题。而利用区块链技术，一方面可以通过一些技术手段来保护隐私，另一方面也可以通过数据积累的信用替代个人信息来作为证明。

## 2. 区块链通证经济在票据行业中的应用机会

绝大多数区块链票据项目都是银行或大企业发起的。由于金融机构的特殊性，以及大型企业业务流程复杂、相对较为保守，因此这些项目都采用的是联盟链的形式，即无币区块链。目前尚未看到票据区块链项目涉及通证相关的部分。

## 3. 区块链社区治理机制在票据行业中的应用机会

传统的商业承兑汇票一般以核心企业自身的信用作为担保，但在区块链系统中，强信用中介不再被需要，共同的算法与共识解决了信任问题，进而保证每个参与角色都是互信的。

另外，由于金融业的特殊性，金融机构主导的票据区块链通常都要设置监管机构作为独立的节点参与到数字票据发行和流通的全过程监管中，进而实现链上审计，提高监管效率的同时可以节约成本。

下表总结了区块链的技术特征，以及在票据行业中的应用机会。

| 存在问题 | 目标解决方案 | 区块链特征 |
|---|---|---|
| 贸易背景造假 | 数据完整、信息透明 | 分布式共享总账 |
| 一票多卖 | 去中介化、真实可靠 | 多中心化共识机制 |
| 背书不连续 | 可视化 | 智能合约 |
| 审核困难、成本高 | 全流程、可审计 | 时间戳、不可更改 |

下表对比了纸质票据、电子票据和数字票据的特征。

| | 纸质票据 | 电子票据 | 数字票据 |
|---|---|---|---|
| 定义及特征 | 由收款人或存款人签发，由承兑人承兑，并于到期日向收款人支付款项的一种票据 | 出票人依托电子商业汇票系统，以数据报文件形式制作的，委托付款人在指定日期无条件支付确定的金额给收款人或持票人的票据 | 基于区块链的增强型票据形态，可编程的数字化票据，支持智能风控及交易结算 |
| 流通形式 | 依托票据本身，必须在票据上加盖有效印章后才能流通 | 依托央行 ECDS，一般需要接入银行才能办理票据的各项业务 | 基于点对点分布式网络、以联盟链的形式实现票据业务的流转 |

# 第 2 节　案例分析

目前区块链在票据领域已经有了许多落地尝试，这些尝试主要围绕在传统的金融机构和核心企业周围，我们看到包括美的、阿里、上海票交所在内的多家大型企业和金融机构已经开始试水。目前，区块链票据应用的环节主要是承兑、贴现、交易等，更多起到的是联盟链的记账、对账、防止篡改和重复贴现的功能。由于大型企业和金融机构业务的复杂性和敏感性，这些企业一开始不太会直接尝试公链这种开放的体系，也不太会尝试使用通证经济或是把治理权力交给社区，因此本节的案例主要关注项目的技术思路，基本不涉及项目的通证经济和社区治理部分。

## 案例一 江苏银行首单票据区块链跨行贴现业务

在传统的商业流程中，跨行贴现是一直存在的需求，即持票人将本来应由 A 银行承兑的汇票拿去在 B 银行进行贴现。但是在传统的银行体系中，由于不同银行之间的客户信息数据资料很难共享，导致 B 银行很难了解汇票涉及企业的资信情况，因此很难接受跨行贴现。

江苏银行为了解决这个难题，自主研发了一条联盟链"苏银链"，它利用区块链数据分布式存储、难以篡改的特点，解决了之前业务流程中遇到的难以验证持牌客户身份、客户信息不健全以及企业与银行间、银行与银行间的互信问题。

"苏银链"的使用流程是：企业客户首先登录江苏银行合作的银行网银（也是联盟链的合作节点），然后就可以向联盟内的任何一家银行申请发起贴现。由于所有的流程都在链上进行，因此申请信息也会被记录上链，从而避免了被伪造和篡改，提高了信息的安全性。该信息会被发送给贴现银行，贴现办理银行会在收到票据后将实物与链上信息进行比对确认，从而进一步提高业务的合规性。

2017 年 11 月，江苏银行对外宣布与无锡农商行合作完成了首单票据区块链跨行贴现业务。这笔业务由无锡农商行的一家企业客户发起，由江苏银行完成了票据的签收。这单业务标志着江苏银行已经把区块链技术由实验阶段推进到了商业应用阶段。

## 案例二 美的金融区块链票据项目

2017 年 4 月，美的集团与杭州复杂美公司达成战略合作协议，携手搭建美的金融区块链票据应用平台。

美的作为国内家电行业巨头，关联企业众多，这些关联企业又有各自的供应商和经销商，大部分都是信用数据不健全的中小企业。而美的搭建的区块链平台就是想把这些中小企业的信息全部放到区块链上，比如将企业的合同、融资、仓单等都记录在链上（见下图）。

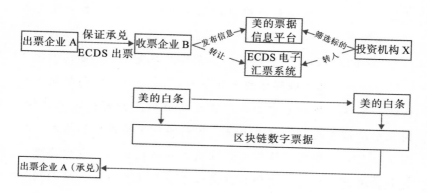

美的搭建了一个票据撮合系统，让企业收到承兑汇票后可以到平台上进行出售，买卖双方的交易记录也通过各自私钥签名后被记录在链上，不可篡改，从而防止信息不实、一票多销的问题。而随着企业在链上的交易记录越来越多，它的信用数据也会越来越健全，这样以后如果它需要美的的金融服务，美的就可以有针对性地对企业的信用状况进行分析，从而实现更好的信用分级与风险把控。

通过这个区块链平台上积累的数据，美的可以有针对性地为不同信用资质的企业提供不同利率的贷款：一方面通过精细化定价提高自己的利润，比如将原来4%的利率提高到8%；另一方面也可以帮助那些在传统银行渠道很难获得贷款或者融资成本极高的公司更便捷地获取到所需的金融服务。

## 案例三　上海票据交易所

2018年2月，上海票据交易所发布公告称旗下的数字票据交易平台正式上线并开始试运行。目前，已经有中国银行、工商银行、杭州银行、浦发银行等多家金融机构利用该平台完成了基于区块链技术的数字票据签发、承兑、贴现和转贴现业务。

该数字票据交易平台具有如下几点创新：

**第一，结算方式创新**。该平台搭建了一套"链上验证、线下结算"的新结算方法，并且做好了与支付系统对接的准备，从而尝试了将分布式的区块链系统和传统的中心化系统一起打通、共同使用的可能性。

**第二，业务功能完善**。基于票据业务的真实需求，该平台的业务逻辑与业务流程保持了和票据交易系统的一致，并在系统参数、数据统计等方面也和现行的管理方法保持了统一，从而为进一步延伸平台功能做好了基础准备。

**第三，系统性能提高**。票据交易平台的共识算法采用了PBFT即拜占庭容错机制，该共识算法相比比特币的POW即工作量证明机制每秒处理的交易笔数更多，性能更好，同时记账的能耗也大幅降低。

**第四，安全防护加强**。我国的金融系统对安全性要求非常高，而且采用的密码学算法要求自主研发可控。票据交易平台采用的是我国自己的国密签名算法来对交易的出块做签名。任何加入这个平台的银行或机构都需要使用定制化的密码学设备，包括安全系数极高的加密机和专用的智能卡，并为了提升开发效率专门设计了软件层面上的加密模块。

**第五，优化了隐私保护**。传统的区块链技术由于公开透明、全网共识，在隐私数据保护上一直存在隐患。票据交易平台通过使用零知识证明、同态加密等密码学前沿技术，搭建了可以在监测市场的同时实现隐私保护的看穿机制，这样既达到了隐私保护，又能够让票交所有较强的市场监测权限，提供了一种新的监管模式。

## 案例四　蚂蚁金服区块链票据业务

除了传统的金融机构以外，蚂蚁金服也在积极尝试利用区块链技术解决传统业务中的问题，其在票据领域的试水是医疗领域的区块链电子票据。

电子票据存在的一个问题是容易被二次报销。蚂蚁金服区块链和医院、当地社保局、财政局共同搭建了一个联盟链，链上节点除了上述机构还包括支付宝。通过引入区块链，电子票据在产生、流转、存储和使用的全生命流程的每个环节都会被盖上时间戳，一旦一张电子票据已经完成报销，就会在链上盖上一个对应的时间戳，而且这个时间戳还是可以追溯且不可被篡改的，这样它就不能被二次报销。

据悉，蚂蚁金服已经在2018年8月携手航天信息正式开始试水区块链医疗电子票据，初期将先在杭州、金华、台州三地进行试点。这三地的患者只要使用支付宝在医院缴费，就会即时在支付宝内收到对应的电子票据。而使用其他方式如现金或医保卡进行付费的用户，也只需要扫描凭据上的二维码就能获得电子票据。该业务上线两周就产生了逾60万张电子票据。而区块链电子票据在未来还能提供诸如防止重复报销等更多的功能。

除了医疗电子票据，区块链在票据领域还有更多的应用机会，比如报销频次较高的发票和票据等。

# 第 3 节　发展前景

目前区块链技术在票据领域已经有了很多落地应用的实例，取得了不小的突破，有越来越多的新项目开始融入区块链技术。但我们要看到，目前的区块链技术，特别是主流的公链技术，距离在票据行业真正大规模商用仍然有很大距离。

区块链的核心要点之一是分布式存储与全网共识，进而使得数据对全网节点是公开透明的，但这对于那些非常看重数据的隐私性的银行和机构来说是一个很大的问题，一旦发生隐私信息泄露就会造成非常严重的损失。举例来说，目前很多机构都在尝试区块链发票，虽然在一定程度上可以提高行业的效率，但同样有可能造成发票中敏感信息的泄露。

如同我们在前文中所说的，主流公链的性能

难以支持大规模并发交易。比特币每秒只能处理 7 笔交易，以太坊也不过每秒十几笔，一旦短时间发生大量交易，就很容易造成网络的拥堵，进而导致交易迟迟无法被确认。而目前主打高 TPS 概念的 EOS 等新公链，每秒处理几千笔交易的速度相对于传统中心化服务器的吞吐量来说，依然还相距较远。

区块链要求每个节点都同步所有的交易，维护共同账本，这就意味着每个节点上都会记录所有的交易数据和状态信息。随着时间的推移，数据量就会变得很大，需要非常大的存储空间，以至于普通的节点难以维系，还会造成一定的资源浪费。不过目前提出一些技术思路，如让部分节点只保存有限的数据，而让一小部分节点保存全账本。另外，IPFS 等分布式存储协议的推出也对解决区块链的数据存储问题提供了新的思路。

因此，目前我们看到，绝大多数的区块链票据项目都选择联盟链作为切入点，从而绕过目前公链所面临的技术挑战。但联盟链和公链不同，有自身的准入机制，参与者必须是某个特定群体的成员或是指定的第三方机构，本质还是中心化的共享账本，因此也有区块链行业的人员表示联盟链并不是真正的区块链。

联盟链由于自身并不开源，难以和其他链打通，这就使得各条链之间非常容易形成一个个数据孤岛，从而变相回到了传统中心化数据库的老路上。而一旦涉及跨链，对技术的要求就又高了一个层次，落地的难度也会变大很多。

另外，联盟链在性能方面虽然相比目前的公链有不小的进步，但是仍然有其自身的瓶颈所在。目前大部分联盟链都是基于 IBM 的 Hyperledger Fabric 开发的，Hyperledger 的共识机制采用的是改进拜占庭容错（PBFT），在该机制下达成共识依靠的是各节点直接多次通信相互验证，相比竞争性的 POW 机制在每秒交易次数上快了很多，但它的高性能是和节点数量以及验证节点性能相关的。一方面，节点达成共识需要的时间会随着节点数量的增加而变长，即共识节点越多性能越慢。另一方面，验证节点执行智能合约所耗的时间和自身性能直接相关，如果验证节点的性能较差，达成共识所需的时间也会被直接拉长，这样一来，整个系统的性能实际上是由性能较差的节点所决定的。

目前 Hyperledger 的智能合约在版本迭代以后很难将数据同步。Hyperledger Fabric 的 Chaincode 是在交易被部署时分发到网络上，并被所有验证节点通过隔离的沙箱来管理的应用级代码。<sup>⊖</sup> Chaincode 目前通过 Docker 容器进行运行。使用 Docker 的好处在于，将所有的 Chaincode 互相隔离，不会互相干扰，进而提高了安全性。但缺点在于，企业级应用产品的功能不是一成不变的，而是随着版本的迭代而不断对功能进行迭代、调整、bug 修复等。而与之相对应的是，部分 Chaincode 也需要随之更新来与需求相适应。而当 Chaincode 被沙箱所隔离时，它运行时的状态数据也会被单独储存起来，这样一来，Chaincode 每一次的更新都相当于重新发布了一个新的 Chaincode，而且无法对原始版本累积的数据进行访问。想要更

---

⊖ 源于《剧透 | 以京东金融为例解析区块链数字票据》，载于《当代金融家》杂志，作者是王琳、陈龙强、高歌。

新数据只能用手动的方式来进行状态迁移，并且要迁移的数据量会随着版本的更新而一直增加。

　　虽然目前面临着诸多技术和制度等方面的难题，但从长期来看我们还是相信区块链技术可以在票据领域发挥更大的作用。随着公链技术的不断进步，性能和隐私性难题一旦得到解决，利用区块链技术必然能建设出更为高效、安全、稳定的数字票据交易平台。

# 区块链 + 电商

**BLOCKCHAIN +**

# 第 1 节　现状

## 一、电商行业现状

### 1. 概述

根据我国统计局的数据显示，2017 年我国网上零售总额高达 5.48 万亿元，占社会零售总额的 15%，同比增长 28%（见下图）。

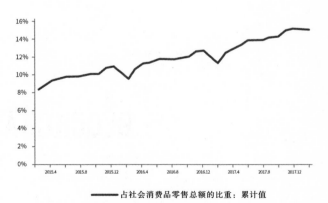

来源：国家统计局

市场格局上，B2C 电商的交易占比为 57.6%，其中天猫市场占有率为 60.9%（占据榜首），京东和苏宁易购分列第二、三位。整体市场依然保持了高速增长。

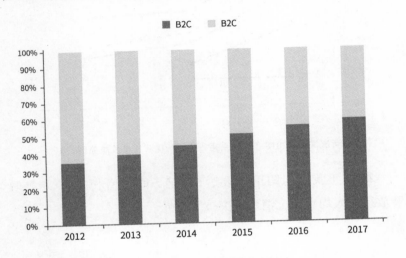

来源：国家统计局

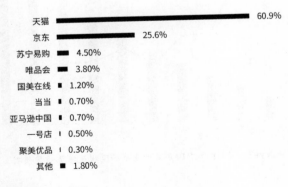

来源：中国产业信息网

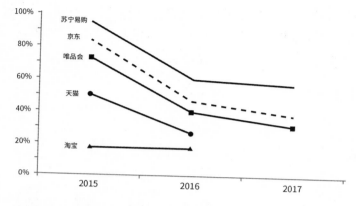

来源：新浪博客《2018 年中国电商行业市场现状及发展趋势预测》

　　2017 年我国网购用户数达 5.4 亿，同比增长 8%，增速显著放缓。人均年网上消费额突破 1 万元。

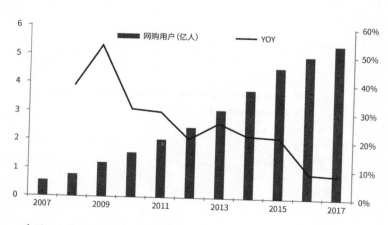

来源：新浪博客《2018 年中国电商行业市场现状及发展趋势预测》

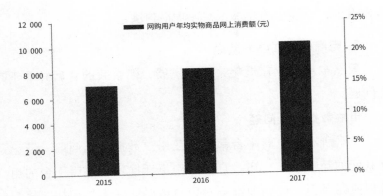

来源：新浪博客《2018年中国电商行业市场现状及发展趋势预测》

## 2. 电商行业发展趋势

### 移动电商和跨境电商快速发展

随着移动互联网的全面普及，移动电商在电商总盘子里的份额快速上升，2017年全球移动端零售总额为1.37万亿美元，占全部网络电商的60%。此外，近三年来，跨境电商同样得到了飞速的发展，但目前仍然面临着交易摩擦、物流监管、报关等问题。

### 新技术与电商行业快速融合

大数据、人工智能等行业近年来得到了快速发展，而它们也在电商领域逐步落地。新技术的应用能够在一定程度上优化整个购物流程的便捷度和舒适度，有望在未来起到更大作用。

### 消费分层、个性化趋势越发突出

近年来一个明显的特征就是，小众消费或是分级消费的现象越来越显著。流量的分散化导致了具有不同标签属性的用户各自聚集，个性化的需求正在逐步得到满足。

### 3. 电商行业面临的痛点

虽然电商行业在近年来飞速发展，但繁荣的背后并非不存在问题。

**用户数据安全问题**

几乎所有的电商平台都会涉及用户数据安全问题。无论是互联网的精准推送，还是直接接到电话推销，电商平台的用户数据泄露所引发的问题都会对用户造成非常大的困扰。较为保守或者高端的用户群体甚至会对使用电商平台有所排斥。

**交易真实性确认**

网购会涉及空单、虚假评价等问题。商家通常会把一件差强人意的产品通过刻意的包装、刷好评来引导用户下单购买。亚马逊网站上有一家店，其通过虚假销售刷出了近万个好评但从未实际发货，平台过了很久之后才识别出此店刷好评的行为并将其关闭，但仍然造成了上万名顾客的真实损失。尽管平台出台相关政策，但是无法从根本上解决交易真实性的问题。

**平台中间费用高企**

由于电商平台提供了买卖双方交易的场所以及促进交易的附加服务，它们通常都会从商家（有时也包括顾客）收取一定的服务费用，在有些交易平台上，这些费用甚至达到15% ~ 25%，这对商家可能是沉重的负担。例如在 Airbnb 的用户讨论群里，有房东表示，本来自己愿意出租的房价并不高，但加上了 Airbnb 的各种费用之后，租客看到的价格就已经膨胀了一圈，和酒店比起来完全没有优势。Amazon 的费用也不低：专业卖家（professional seller）需每月固定付 40 美元，个人卖家（individual seller）不需要付月费，但每卖出一件产品 Amazon 要抽取 99 美分。专业卖家及个人卖家都要根据产品种类不同付一笔 referral fee（转介费），平均下来大约是价格的 15%。⊖

**电商恶意竞争**

为了竞争客户，电商之间经常会进行价格战，并且有时会根据节日"定制"一些先涨价再打折的套路，涉嫌不当竞争。电商间的恶意竞争，极大地影响了行业的正向发展。

**寡头垄断的情况越发明显**

目前，阿里系、京东、苏宁几家巨头加起来的市场占有率接近 90%，基本形成了垄断，未来想有黑马突围将会非常困难。而巨头垄断带来的另一个问题就是商家失去控制权。商家为了能够更多地卖货，必须要和各家电商平台合作，但现状是大平台对商家的掌控权越来越强，商家为了卖货不得不将自己的关键环节交给平台。

# 二、区块链在电商行业的应用机会

## 1. 区块链技术在电商行业的应用机会

**数据安全保证**

区块链系统可以对交易相关的用户信息和结果数据进行加密，并设置相应的调用与查看权限。只有拥有权限的访问者才

---

⊖ 源于《电商交易巨头变革与区块链技术的未来》，超说未来。

能查看相关数据，而且每次数据查看的行为也都会被记录在链上。这就让数据的使用变得可追溯，从而最大限度地保护了用户的数据隐私。

### 鉴定交易真实

由于区块链有数据完全记录、不可篡改的特性，任何一次交易的所有步骤和数据都会被存储在链上，这样就可以使得交易过程公开透明且不可篡改，从而对商品进行防伪溯源追踪，防止不良商家利用信息不对称来牟利，并保证该体系能够健康持久地发展下去。

### 物流防伪溯源

利用区块链数据不可篡改的特点，流通环节的物流记录可以真实地记录在区块链上，从而有利于整个物流环节的溯源。

### 智能合约制定规则

通过引入智能合约，交易过程中的很多环节都可以用机器来代替人工执行，从而节约成本、提高效率。站在平台的角度上，可以利用智能合约将市场和法律要求的交易规则嵌入底层系统框架。站在商家的角度上，同一类商品的卖家可以利用智能合约来设定自身行业规则，由平台来进行审核。

### 去中心化交易节约成本

传统的中心化电商平台会提供一些中间服务（比如交易撮合、流量分发、投诉处理、支付物流等），并向买卖双方收费。但在去中心化电商中，买卖双方无须中介而直接连接，中心化平台的交易佣金逻辑便不复存在。而且区块链由于其透明度高、信息不可篡改等特点，可以降低交易双方的信任成本和交易成本，中心化电商平台提供的撮合交易的需求降低，同样会导致中间费用下降，商家只需要分担底层区块链网络的技术开发及运维费用即可。通过消除一部分中间环节，促进生态内流量与数据共享，区块链技术为电商行业节约了交易成本，并提高了成交的效率。

### 2. 区块链通证经济与电商的结合

通证在电商领域的作用主要有三点。第一是将通证作为获取流量和用户的手段，主要的运营形式包括空投和交易激励。目前整个电商行业的流量成本持续走高，通证可能成为一种独特的引流手段，有助于降低早期的运营成本。第二是可以作为平台的支付工具，直接用于购物或是抵扣平台服务费用。第三是可以通过通证来激励用户进行一些活动，比如贡献算力维护网络正常运行，社群成员提供一些必要的第三方服务等。

### 3. 区块链社区治理结构与电商的结合

在社区治理方面，最大的想象空间在于将解决纠纷和争议的仲裁权交还给社区，从而实现去中介化，将控制权交还给买卖双方，让平台方不再靠垄断和信息差获取收益。

## 三、区块链 + 电商的发展模式

目前在电商行业中探索与区块链技术结合的项目主要有两类。一类是传统电商巨头利用区块链技术优化自身效率，解决流程中的一些痛点，比如京东、阿里、寺库等。这类项目通常

只应用区块链技术，而不涉及通证模型的使用。另一类是完全
区块链化的电商项目，大多是初创企业或是原生的区块链电商
项目，完全将平台搭建在去中心化的区块链架构之上，比如
CyberMiles、ApolloX、NeoPlace 等（见下表）。

| 类　型 | 传统电商平台 | 区块链电商平台 |
|---|---|---|
| **技术特点** | 主要应用了溯源、数据真实的特点 | 去中心化、去中介化，原生搭建在区块链上，使用智能合约作为平台交易的规则 |
| **是否有通证** | 基本不存在通证 | 基本都涉及通证经济 |
| **社区治理机制** | 基本不涉及社区治理 | 需要社区治理来解决交易过程中的争议仲裁 |
| **代表项目** | 京东、阿里巴巴 | CyberMiles、ApolloX |

---

# 第 2 节　案例分析

---

## 案例一　CyberMiles

### 1. 项目简介

　　CyberMiles 是美国电商创业公司 5Miles（曾获得诸多知名投资机构投资，注册用户超过 1000 万）旗下研究室 5xlab 开发的专注于电商的区块链智能合约平台，其旨在成为电子商务市场上标准化的区块链底层平台，利用智能合约解决电子商务上的交易信任问题和目前区块链上的交易速率问题。简单来说，就是一个底层完全基于区块链技术的 C2C 电商平台，不存在中间机构，而且对商家免费。CyberMiles 致力于成为同时拥有现实世界商务应用程序及主流采用对象的区块链，愿景是成为一个公共网络系统，为建立在其上的成员提供安全可以信赖的商务服务。

## 2. 技术架构分析

CyberMiles 的目标是搭建一条垂直于电商行业的底层公链，它基于以太坊底层架构，通过 Tendermint/Cosmos 等技术进行封装和改进（见下图）。

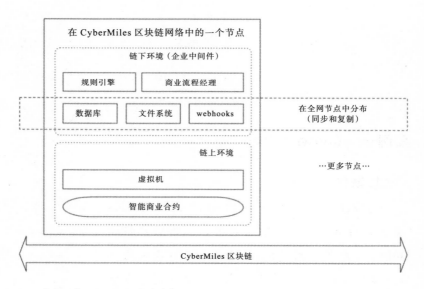

来源：《CyberMiles 白皮书》

共识机制方面，CyberMiles 采用的是和 EOS 相同的授权股权证明机制（DPOS），区块生产时间小于 10 秒，每秒处理交易（TPS）可达 10000 次。无论是区块确认时间还是交易处理速度都比以太坊明显要好。

中层协议方面，CyberMiles 除了区块链架构部分，还搭建了规则引擎、商业管理器等一系列新的模块，以便非技术人员更为简便地设计和调整规则，这使得 CyberMiles 更加容易上手使用。

具体实现方面，CyberMiles 比 Solidity 和 EVM 拥有更多的商业规则引擎，简单来说，它就是一个提供了一些函数库（library）的语言。

资金安全对于交易额巨大的电商行业一直是个巨大的问题，CyberMiles 针对这一点设计了技术识别＋治理找回的方法。CyberMiles 首先会利用技术手段识别黑客的行为模式，对技术不能解决的黑客问题，尝试通过社区建立链上治理机制来找回黑客造成的损失。

在数据存储方面，CyberMiles 计划采用 IPFS 技术来进行存储。

### 3. 通证经济分析

CyberMiles 的代币简称 Cmt，总共发行 100 亿个，其中 90% 依靠 DPOS 机制挖矿生成，其余 10% 分给早期投资人、开发团队及其他贡献者。在 CyberMiles 体系内代币的用途主要有三种：

第一，代币是 DPOS 的超级节点维护平台运行和网络完整的奖励。DPOS 共识机制下，交易的验证及合约的执行都依赖于超级节点贡献其运算能力。因此，当 CyberMiles 网络上的买家或卖家使用平台服务时，他们就需要向网络维护者支付 CMT 代币。

第二，代币被用来作为社群成员提供附加服务的奖励，比如有些社群成员会在特定情况下充当客服或争议仲裁者，这些服务都会在事项被解决后得到代币的奖励。

第三，代币是使用"商业智能合约"的交易费用。这点类似于以太坊的 gas 费用。CyberMiles 平台为用户提供了一系列更适合实际商业活动的智能合约，而任何买卖双方的交易都需要支付 gas 费用给执行对应智能合约的矿工（交易验证者）。

此外，白皮书中还涉及了其他的场景，如"小企业借贷""同行争议仲裁""非集中式结算及清算中心"等。

## 4. 社区治理分析

社区治理方面，CyberMiles 设计了链上治理机制，从而省下平台企业雇佣客服团队以解决买卖双方潜在冲突的成本。当买卖双方同意交易后，需要各自抵押等量的代币作为交易的押金。若交易顺利完成，双方均无异议，智能合约就会解锁抵押的代币并返还给双方。而如果发生争议，系统会向社区发出请求，选出一名社区成员作为仲裁者。仲裁者需要被双方接受后才有权力解决冲突，而当其做出裁决后，败方的 Cmt 押金将归属于仲裁者。在这种情况下，服务将完全由网络社群的成员提供，且服务提供者能获得 Cmt 代币作为奖励。这样，平台方就可以专注于其核心竞争力而省下与争议解决相关的成本、精力和时间。

此外，在传统的 C2C 市场中，最有争议的问题通常都和集中式的管理相关。比如平台可以单方面关闭商家账户，或单方面决定哪些产品可以在平台上进行销售，但这些往往会和社区的意见产生冲突。CyberMiles 希望通过智能合约为社区提供管理和规范自身的方法。比如当买卖双方出现争端时，社区可以通过激励让仲裁者来进行解决。而对于超出两个交易方的复杂问题，可以采用类似权益证明（POS）的投票机制，通过智能合约来解决。比如当社区中某个商家/用户希望关闭账户或审查产品列表时，它可以抵押一定数量的Cmt，而系统会自动邀请一定数目的代币持有者来进行投票，每次投票都需要花费特定数量的Cmt代币。投票结果根据简单的多数来决定，并决定最初的请求者胜诉或败诉，且参与投票的人如果失败也会失去Cmt。所有申诉者和投票者的代币都会进入智能合约中，当结果出来后，获胜者（包括获胜的投票者以及申诉成功时的申诉者）可以等比例地分得对方的代币作为奖励。

CyberMiles认为这样的系统能够激励社区的成员参与到网络管理中来，而且会比集中式的系统更为有效和节约成本。

## 5. 总结

CyberMiles将区块链技术和电商相结合，不但可以降低中间成本、建立买卖双方的信任，还可以在去中心化身份管理、端对端企业贷款、产品认证等领域起到一定的作用。同时它依托于5Miles电商平台，在商业落地方面走得较快，在2018年3月发布了测试链，主网也已经于2018年10月发布。在"区块链＋电商"领域，CyberMiles无疑是在落地上较为领先且进展速度较快的项目。

但是，项目采用DPOS共识机制，存在着一定的中心化风险。此外技术上还缺乏实际应用中的验证，交易速度和稳定性能否承受阿里、京东级别的大流量和高并发交易尚未可知。最后，项目希望去掉平台中介的角色，依靠社区治理解决交易纠纷，但社区用户毕竟不够专业，且不能保证完全中立，这个模式能否跑通还存在着很大的不确定性。

# 案例二 ApolloX

## 1. 项目简介

ApolloX 项目源于硅谷电商平台 ApolloBox，主要业务是帮助中国产品做包装、营销，然后再以相对较高的价格如出厂价的 4 ～ 5 倍卖到美国。目前已有百万用户、1000 个全球品牌加盟，85 万的 Facebook 活跃粉丝群用户，年流水 1500 万美元。ApolloX 是基于 ApolloBox 电商的经验开发的，由同一个核心团队打造的完全基于区块链技术的去中心化电商。

传统的电商巨头平台提供的主要是担保、客服、产品评价体系、吸引流量和对接物流等功能，本质上是一个调度者的角色，主要问题在于中间费用过于高昂。而 ApolloX 希望通过去中心化的区块链技术消除高昂的中间成本，用智能合约来替代调度和担保的中间商角色。

## 2. 技术分析

### 智能合约确保 P2P 交易的信任和透明度

利用区块链的强大功能，ApolloX 可以借助分布式账本和智能合约来防止大多数在线购物诈骗。

每次购买时，包含所购买物品的描述、运输、退货政策，以及客户信息和供应商信息的数据块将被加密并存储在 ApolloX 区块链中。授权方可以访问并添加更多商品。如果对购买存在争议，保证所有信息均为原始信息并且没有丢失交易数据或数据操作的风险。客户付款也将保存在受信任的账户中，直到产品交付给客户。通过在 ApolloX 上运行的智能业务合同来确保此过程。交付事件可以来自受信任的 Oracle，也可以来自客户。这消除了卖方将错误物品运送给顾客的可能性。虽然付款是在可信账户中持有的，但累计利息仍属于卖方。如果卖方希望提前获得付款，可信赖的保险供应商将进入并为购买提供保险。由于某个卖家的所有交易细节都在 ApolloX 系统中可用并且保证了真实性，保险供应商可以以最低价格提供保险。

因此，ApolloX 可以始终保护客户免受欺诈。由于用户知道他们的购买受到系统的保护，他们就会更有信任感地从 ApolloX 市场或由 ApolloX 平台驱动的个人商店购买，而诚实的卖家不需要支付额外费用来获得客户的信任或欺诈交易的费用，从而节约了买卖双方的成本（见下图）。

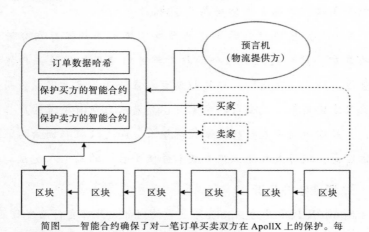

简图——智能合约确保了对一笔订单买卖双方在 ApollX 上的保护。每笔订单包含了交易数据和一系列确保其进行的智能合约

来源：《ApolloX 白皮书》

### 智能合约保证运输时间

处理和运输时间始终是在线购物者最关心的问题。有些人可能更愿意为快速交付支付更高的费用，而其他人则可能选择以更低的价格等待更长的时间。在 ApolloX 上，卖家可以提供各种运输选择，并提供可选的运输和处理时间保证。一旦根据交货状态下订单并执行订单，将创建该发货时间保证的智能合约。因此，顾客可以确定其为即将举行的活动订购的礼服将按时交付，或者其将获得失望的结果。

### 数据透明化以降低中间环节成本

广告支出是任何电子商务业务中最大的支出类别之一。由 WPP 委托并被 Business Insider 引用的一项研究指出，2017 年因广告欺诈而损失了 164 亿美元。为了打击欺诈行为，出版商和广告商通过多层代理商进行匹配，以进行数据验证。这导致高佣金成本，广告支出佣金高达 25%。

ApolloX 区块链将每个交易和电子商务活动保存在分散的数据库中。区块链上的每个参与者都可以使用权限验证数据的完整性。因此，交通和广告的归属可以在任何节点上完成，而不需要双方使用集中式公司。卖家可以查看来自所有渠道的广告效果，并且出版商将直接从卖家获得结果，而无须收取佣金的第三方代理商，这将大大降低广告成本并使平台上的每个人受益。

## 3. 通证经济分析

ApolloX 代币是为 ApolloX 平台的内部和外部支付而发行的。它有两个目的：补偿社区成员的服务（如托管节点），以及促进网络上的金融交易。ApolloX 市场将使用 ApolloX 代币作为卖家的唯一支付方式。卖家可以使用 ApolloX 代币来支付市场服务，例如上市费、广告服务和客户忠诚度计划。ApolloX 生态系统中的各种角色受到激励，可以持有一定数量的 AXT 令牌并积极获取 AXT 令牌。各种角色还受到利润激励的推动，为社区贡献资源。

### 购买并获得折扣

客户可以使用 ApolloX 代币或法定货币在 ApolloX 市场上购买任何产品。卖家可以选择接收代币或法定货币作为支付。通过与平台令牌进行购买交易，由于智能合约规则，购买将具有额外的保护。购买还将避免由卡处理器或银行收取的交易处理费。因此，双方都明确有动力通过 ApolloX 令牌进行销售。如果任何一方选择仅使用法定货币，则该令牌将实时转换为法定货币并减少汇率变化的影响。

### 促销与其他市场服务

卖家可以使用 ApolloX 令牌在 ApolloX 市场上竞标促销服务，包括搜索结果促销、邮件列表促销和联盟流量促销。卖家还将支付 ApolloX 代币以在 ApolloX 市场中列出物品。这确保了 ApolloX 令牌的流动性，并成为令牌的永久需求。

### 奖励与忠诚度计划

客户将在 ApolloX 平台上获得 ApolloX 代币作为折扣、忠诚度计划奖励或优惠。由于 ApolloX 代币可以用于购买 ApolloX 市场上的任何产品，因此它可以为客户提供价值，并让他们加入 ApolloX 平台。

### 平台成员之间的内部交易

ApolloX 社区成员可以使用 ApolloX 令牌互相支付，并使用令牌作为各类服务或资源的方便且安全的支付来源。 例如，店主可以向其他成员支付翻译服务、客户支持服务、争议解决服务和物流服务等（见下图）。

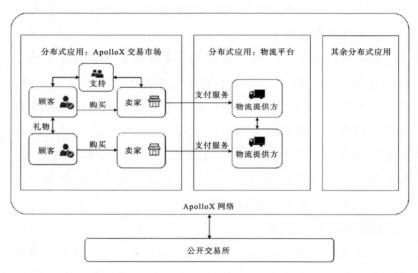

来源：《ApolloX 白皮书》

## 4. 社区治理分析

对于购买后的争议和投诉的解决始终是任何电子商务业务中一个令人生畏的部分。独立商店经常选择处理自己的纠纷。在这种情况下，独立商店既是扮演者又是法官，经常引起客户投诉。来自集中式市场的结算似乎是公平的，但大多数时候它偏好集中式市场上的客户，并且个别卖家不具有相同的谈判能力。卖方别无选择，只能留在集中市场，即使在争议期间受到不公平对待。

ApolloX 通过在每次争议处理中使用流行的"存款 – 挑战 – 投票"机制来解决这个问题，以确保透明度和独立性。当社区内的两个成员（通常是买方和卖方）无法单独就案件达成协议时，其中任何一方都可以通过存入少量的 ApolloX 令牌来开立案件。对方需要为此案件存入相同数量的 ApolloX 并提供其推理。

一旦案件被创建，就会向随机选择的一组社区调解员开放更广泛的投票，他们用其 ApolloX 代币投票来决定这个案件的结果。投票结束后，失败的一方在存款中失去了代币。获胜方和投票选举方的调解员从失败方获得一部分代币作为奖励。投票给失败方的调解员得到了其投票代币，但没有额外的奖励。这个机制是激励更多成员参与社区的自我监管。

如果失败方不同意仲裁的第一轮决定，可以召集第二轮，更多的调解员将被召集进行新的投票。但是，第二轮所需的存款将大大超过第一轮。最多有三轮仲裁，然后得到的决定将是案件最终的结果。

从大量候选人中随机选择调解员，以确保没有人能够轻易地预测特定案件的调解员。会员必须满足特定要求才能加入此池。例如，成员必须在其账户中拥有最少量的 ApolloX 令牌，以确保兴趣与社区保持一致。他们还需要在 ApolloX 网络上有良好的行动记录，例如积极的买家或卖家，并提供很好的反馈。他们作为调解员的行为也会受到监控，并且不良行为会从此池中删除。作为调解员的动机是动态调整的，以确保总有足够的调解员可以及时处理日常案件。

### 5. 项目优缺点分析

ApolloX 基于中心化电商平台目前的痛点与问题，试图通过区块链技术打造一个完全去中心化的创新的电商平台，进而解决传统电商中信息不透明、虚假交易与评论、中间费用高昂等问题，并且提出了一个相对完整的技术架构思路。

不过到目前为止，项目的技术开发仍然处于早期，主网尚未上线，而且采用的拜占庭共识机制在实际网络环境下可能面临着交互延迟问题，TPS 是否能达到实际商用要求还有疑问。另外一点在于，该项目想重建一个电商平台，并让用户使用代币进行交易，但代币的二级市场价格波动较大，可能会阻碍其被广大用户持有并用于现实生活的交易场所。最后，现在的电商项目竞争已经不是简单的商业模式或是技术思路的竞争，商家、物流、流量等各个方面都对初创企业提出了非常严苛的要求，ApolloX 背后的 ApolloBox 规模也并不大，对于其能否支撑起新的项目，也要画上一个大大的问号。

## 案例三  京东区块链防伪溯源项目

### 1. 项目简介

京东集团在 2018 年下半年宣布，逐步将区块链技术和电商及供应链管理相结合，并和政府机构、大型经销商共同合作，成立京东防伪溯源联盟，并开发自己的防伪溯源区块链平台。

京东希望搭建一个自己的区块链平台，利用其数据分布存储、不可篡改的特质，给每个商品一个独特的溯源码，把该商品生产、流通、销售的全流程信息记录在链上。只要输入这个溯源码，就能获得该商品全部的流通信息，并确保信息是未被篡改过的真实信息，这样就可以让消费者对商品的来源更加放心，也能让京东更为便捷地管理自己的供应链体系。

## 2. 技术分析

该平台将每个商品从购买原材料到生产加工，再到流通销售的全流程信息写到区块链上，并给予其一个特殊的编码，这样每个商品就有了自己特殊的区块链 ID 和区块链身份信息，且这些信息都具有验证节点的数字签名和交易地时间戳，从而可以很容易地验证其真伪。

举例来说，当一瓶茅台酒从酒厂被加工、包装出厂后就会被打上一个溯源码，溯源码中包含了这瓶酒从生产车间、生产时间到出厂批号的一切防伪信息，这些信息会被记录到链上。物流运输中的每个经手环节需要查验这瓶酒的信息是否与系统相符，并将自身的信息上链。最后，终端用户拿到酒后，可以使用私钥对茅台酒的信息进行核对，进而确认自己是否买到了假货。

该防伪溯源平台的技术架构源于京东在 2018 年 3 月发布的技术白皮书，由区块链协议、组件模型、服务平台三个部分构成（见下图）。

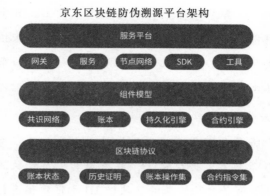

京东区块链防伪溯源平台架构

在共识机制部分，京东区块链对拜占庭容错算法进行了一定程度的改进和优化，具有拜占庭容错、确定性交易执行、节点动态调整等特点。除此之外，它将账本状态与智能合约相分离，而智能合约对账本状态的访问，受到基于身份的访问控制协议的约束。另外，京东区块链的账本信息格式为 KV。京东区块链的合约引擎分为两部分，前端包括合约高级语言规范及其工具链，后端是一个轻量级的合约中间代码的执行环境，所有对账本的操作通过账本组件提供的 API 实现。<sup>⊖</sup>

### 3. 优缺点分析

与前两个案例 CyberMiles 和 ApolloX 不同，京东区块链防伪溯源平台是在京东成熟的电商生态之上，利用区块链的数据不可篡改、分布式存储的特点，搭建的一个不包含通证模型和治理机制的纯技术应用，其技术架构实际上是一个联盟链。和完全去中心化的区块链电商相比，京东区块链项目的优势在于技术架构

---

⊖ 资料来源《三分钟看完京东区块链白皮书》，郧越。

相对成熟，能够快速落地，而且不存在流量获取、用户推广等问题，因此可以快速投入到实际的商用场景中去，并且在一定程度上切实地解决了传统电商物流环节中的假货问题。

另外，区块链在京东的整个生态中只是部分环节使用的一种新技术，并未真正改革传统电商中的利益分配结构，商家和用户两端仍然要面临中间费用高企、数据资产得不到保护等问题。从这个角度看，我们认为京东区块链平台是传统电商试水区块链技术的一个起点，但区块链技术在电商行业中能发挥的作用远远不止于此。

# 第 3 节　发展前景

### 1. 去中心化电商短期尚无法成为主流

我们认为，在未来的一段时间内，区块链电商的主流形式仍会是传统电商项目结合区块链技术。新型的去中心化电商还处在较为早期的阶段，从技术角度看，因受到每秒处理交易笔数的限制，短期内大规模应用不是很现实。另外，去中心化电商发展到一定阶段必然会受到传统电商巨头的阻碍。

### 2. 监管问题仍是一个巨大的隐患

去中心化电商通常都需要通过发行自己的代币来募集资金，但目前公开发行代币存在着政策监管的风险问题，这在一定程度上会对去中心化电商早期的资金投入产生严重的限制。而电商又恰恰是前期需要有相当大资金投入的行业，因此这也对去中心化电商的发展提出了挑战。

### 3. 区块链技术不是电商行业问题的万能解药

区块链技术，包括数据不可篡改、分布式存储等，更多的是解决商品在流通、运输过程中的不可篡改性，而如果一瓶酒在出厂时就出现了问题，那么这类问题仅凭借区块链技术是无法解决的。此外，由于通证经济的激励机制，可能会导致商家与消费者合谋恶意刷单的问题。

### 4. 溯源可能是区块链电商较好的落地场景

目前，受限于技术水平、监管问题，我们认为区块链技术服务于传统电商是较好的落地方式，而其中溯源是一个相对理想的场景。特别是对于一些单价较高的商品，比如钻石、珠宝等奢侈品，它们本身对物流运输过程中的保真要求较高，使用区块链技术是一个不错的选择。

### 5. 跨境支付是区块链与电商另一个可行的结合点

伴随着跨境电商的流行，跨境支付汇款的问题日益凸显。而区块链"先天"就是无国界的，可以打破行政和地域的限制。目前区块链在跨境支付中的应用主要有两个思路：一是直接使用加密货币作为支付手段，比如比特币；二是搭建一个底层结算网络并配套便捷的接口来服务于现有的支付机构和银行，如瑞波。

电商的本质仍然是产品和服务销售，区块链技术的价值在于通过记录真实的交易信息，让消费者的购买决策有一个可信赖的标准依据。而通过让供应链体系变得安全、透明，去中心化的区块链平台可以去除第三方机构而让买卖双方进行点对点的交易，从而节约成本、提高效率。

# 区块链 + 医疗

BLOCKCHAIN +

# 第 1 节　现状

## 一、医疗行业发展现状概述

### 1. 医疗行业发展现状

医疗行业是全球规模最大的产业之一，每年全球在健康医疗方面的支出可以占到全球生产总值的 10% 左右。根据世界卫生组织的数据显示，2011 年健康医疗行业的全球总支出高达近 7 万亿美元。支出占比方面，人均收入越高的国家医疗健康支出的占比越高。2011 年美国的医疗产业支出高达 2.6 万亿美元，而中国的健康支出仅为 2900 多亿美元，大概相当于美国的 10%（见下图）。

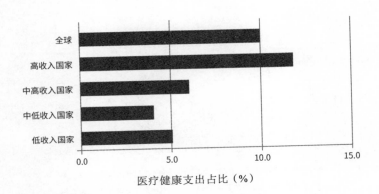

医疗健康支出占比（%）

来源：世界卫生组织

根据世界卫生组织的预测，医疗健康行业的全球产值在2020年将会超过19万亿美元，相比2011年增长近200%。人均健康支出也将在2020年增长到1882美元（见下图）。

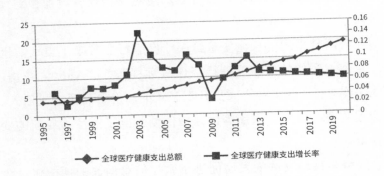

— 全球医疗健康支出总额 —— 全球医疗健康支出增长率

来源：世界卫生组织

从趋势上看，全球的健康产业支出和经济周期基本吻合，增速略高于GDP增速，但增速波动较小。相对而言，中低收入国家的健康市场依然十分巨大，其前景丝毫不亚于发达国家，甚至有望成为全球医疗健康行业增长的主要催化剂（见下图）。

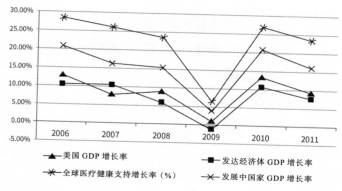

来源：世界卫生组织

## 2. 医疗行业发展趋势

全球医疗行业未来的主要趋势包括：互联网信息化，产业资源加速国际流动，医疗健康行业的重点从治疗阶段前移到预防阶段。

互联网带来的信息化变革给医疗健康行业带来了重大的机遇。目前，我们的健康管理已经通过远程医疗、App/ 大数据、在线协作 / 互动等多种方式提升到了新的高度，而医疗机器人、可穿戴装备、植入式医疗等也让硬件创新成了医疗行业新的变革要素。

网络和移动互联的发展促进了医疗信息沟通的便捷化。科技的进步在医疗领域的应用促进了医生和病患之间的沟通，而社交网络的发展促进了医生之间的沟通。⊖

---

⊖ 源于《全球大健康产业发展研究报告》，方圆儒人。

### 3．医疗行业目前面临的问题

#### 信息化程度整体偏低

我国的医疗信息化目前仍面临着资金不足、人才短缺、建设规划不合理等问题。相对而言，大城市的主流三甲医院情况相对乐观，发展较为成熟。

#### 医疗数据孤岛

目前，绝大多数医疗机构之间都是相互孤立的，各方之间没有统一的平台，信息无法打通。而数据对医院来说又是一项核心资产，绝大多数医院都不愿意与其他机构共享，这就造成了目前国内各医院之间信息不对称的问题。

#### 患者隐私保护

目前，医院经常发生患者信息泄露的问题，这是因为：一方面，医院的信息管理系统较为落后，防反泄露的维护成本较高；另一方面，内部管理有漏洞，部分内部人员用患者数据进行牟利。

#### 医保成本高企

在医疗保险领域，患者、医疗机构、保险提供商之间组成了三角关系。每一个交互中，都存在效率低下和服务复杂的问题。多层级的保险中介增加了无效成本，落后的信息化系统需要高昂的人力、管理成本。对保险服务提供商来说，保险成本高企，特别是管理成本，其很大的精力花在了合同的签订和管理、维护数据库、款项的支付和收取、索赔检查、资料审定等方面。⊖

---

⊖ 源于《医疗区块链报告：医疗保险企业落地最快，基因组学在国内还是空白》，医学联络官俱乐部。

# 二、区块链在医疗行业中的应用机会

## 1. 区块链技术在医疗行业中的应用机会

### 解决网络安全问题

医疗领域中，数据是重中之重，特别是患者个人信息、病历信息、药品流通信息等。而目前这些数据的保存常常存在着安全问题的隐患。强生公司曾在 2016 年向其患者发出警告，称强生研发的"OneTouchPing"胰岛素泵面临着黑客攻击的潜在风险。而区块链通过采用分布式网络架构和全网节点共识，保证各种信息和记录一旦上链并被全部节点确认，就几乎不可能被破解和更改。这样，医疗机构就可以利用区块链来提供额外的安全防护，降低医疗设备联网所受到的网络安全威胁。

### 跨机构数据共享

医疗数据交换非常复杂，真正的互操作性不仅仅是信息交互，还是多个系统之间相互信任然后共享信息和责任的能力。区块链通过构建统一的底层网络和信任机制，可以让不同的医疗服务商之间建立良好的数据协作，实现对网络访问权限的共享，同时也不会对数据的安全性和完整性造成威胁。

### 患者隐私保护

针对患者信息泄露问题严重、得不到保护的情况，区块链作为点对点数据共享网络的开源工具，通过预定义的用户访问规则提供身份管理功能，通过非对称加密机制让每个患者掌握自己的核心数据信息。同时，可以使用同态加密或是零知识证明机制，对患者的敏感信息进行加密处理。

### 2. 区块链通证经济在医疗行业中的应用机会

在医疗领域，通证经济在激励用户贡献数据或是激励医疗机构分享数据方面起着主要作用。一方面，通过通证对医疗机构进行激励，鼓励它们将数据分享到统一的平台上，可以改善原来传统医疗领域中信息孤岛、数据不互通的问题。另一方面，利用通证鼓励用户记录自己的体征和行为数据，并将数据贡献出来，以更便捷地获取更多有用的数据，从而便于医药公司或者临床医学的研发与诊断。

### 3. 区块链社区治理机制在医疗行业中的应用机会

目前区块链医疗项目中涉及社区治理机制的部分还比较有限，我们认为可能会结合的点在于，数据共享与交易过程中出现争端时可以采用社区自治的方式来解决。但是由于医疗数据是各个医院的核心资产，对各医院来说都十分敏感，因此短期内不一定愿意做社区自治方面的尝试。

## 三、区块链 + 医疗项目的模式分析

目前在医疗领域，结合区块链技术的项目主要分为四类：围绕机构的医疗信息安全与共享，围绕个人患者的医疗信息安全、共享与隐私保护，医疗保险相关，供应链管理（见以下表格）。

| 分类 | 项目/案例 | 涉及内容 | 国家 | 项目主体 | 企业名称 | 成立时间 | 原有业务 | 参与区块链时间 |
|---|---|---|---|---|---|---|---|---|
| 机构医疗信息安全与隐私保护 | 爱沙尼亚 ehealth | 医疗健康数据 | 爱沙尼亚 | 政府 | Guardtime | 2011 年 | 信息安全 | 2016 年 |
| | FDA 与 IBM 联合区块链研究院 | 医疗健康数据 | 美国 | 政府 | IBM WatsonHealth | 2015 年 | 医疗信息化 | 2017 年 |
| | 常州市医疗区块链项目试点 | 医疗健康数据 | 中国 | 政府 | 阿里健康 | 2015 年 | 医疗信息化 | 2017 年 |
| | 廊坊市的区块链卫生信息平台 | 医疗健康数据 | 中国 | 政府 | 云巢智联 | 2015 年 | 医疗信息化 | 2017 年 |
| | 趣医网 | 医疗健康数据 | 中国 | 企业 | 趣医网 | 2013 年 | 医疗信息化 | 2018 年 |
| | 澳大利亚卫生部 | 医疗健康数据 | 澳大利亚 | 政府 | Agile Digital | — | 区块链 | 2018 年 |
| | recovery coin | 医疗健康数据 | 英国 | 政府 | Consensya | 2015 年 | 区块链 | 2018 年 |
| | 阿联酋 Do 和 NMC Healthcare 合作项目 | 医疗健康数据 | 阿联酋 | 企业 | Guardtime | 2011 年 | 信息安全 | 2018 年 |

|  | | | | | | | 医疗 API | |
|---|---|---|---|---|---|---|---|---|
|  | DOKChain | 健康数据平台 | 美国 | 企业 | PokitDok | 2011 年 | 人工智能、区块链 | 2016 年 |
|  | 天医链 | 医疗健康数据 | 新加坡 | 企业 | AIDOC | 2016 年 | | 2017 年 |
|  | GeneData | 基因数据 | 瑞士 | 企业 | GeneData | 2017 年 | — | 2017 年 |
|  | Shivom | 基因数据 | 德国 | 企业 | Shivom | 2017 年 | — | 2017 年 |
|  | Luna DNA | 基因数据 | 美国 | 企业 | LunaDNA | 2017 年 | — | 2017 年 |
| 个人医疗信息安全与隐私保护 | Encrypgen | 基因数据 | 美国 | 企业 | Encrypgen | 2017 年 | — | 2017 年 |
|  | Zenome | 基因数据 | 俄罗斯 | 企业 | Zenome | 2017 年 | — | 2017 年 |
|  | Nebula Genomics | 基因数据 | 美国 | 企业 | Nebula Genomics | 2018 年 | 基因、区块链 | 2018 年 |
|  | 华大区块链 | 基因数据 | 中国 | 企业 | 华大基因 | 1999 年 | 基因 | 2018 年 |
|  | HGBC | 基因数据 | 中国 | 企业 | 集云惠康 | 2014 年 | 基因 | 2018 年 |
|  | HDC | 医疗健康数据 | 中国 | 企业 | 健康链 | 2018 年 | 区块链 | 2018 年 |

（续）

| 分类 | 项目／案例 | 涉及内容 | 国家 | 项目主体 | 项目主要参与企业介绍 | | | 参与区块链时间 |
|---|---|---|---|---|---|---|---|---|
| | | | | | 企业名称 | 成立时间 | 原有业务 | |
| | 当归项目 | 医疗健康数据 | 中国 | 企业 | OMAHA | 2016 年 | 信息标准化 | 2018 年 |
| | X CARE | 医疗健康数据 | 新加坡 | 企业 | XCARE | 2017 年 | 区块链 | 2017 年 |
| | Curisium | 医疗健康数据 | 美国 | 企业 | Curisium | 2017 年 | 区块链 | 2017 年 |
| | Health nautica | 医疗健康数据 | 美国 | 企业 | Factom | 2015 年 | 区块链 | 2015 年 |
| | | | | | Health nautica | 2000 年 | 医疗信息化 | 2015 年 |
| | Philips 区块链实验室 | 医疗健康数据 | 荷兰 | 企业 | Philips | 1891 年 | 医疗器械 | 2016 年 |
| | | | | | Tierion（美国） | 2015 年 | 区块链 | 2016 年 |
| | 边界智能 | 医疗健康数据 | 中国 | 企业 | 边界智能 | 2016 年 | 区块链 | 2016 年 |
| | DeepMind | 医疗健康数据 | 英国 | 企业 | DeepMind | 2011 年 | 人工智能 | 2017 年 |
| | Patientory | 医疗健康数据 | 美国 | 企业 | Patientory | 2017 年 | 区块链 | 2017 年 |
| | Medicalchain | 医疗健康数据 | 英国 | 企业 | Medicalchain | 2016 年 | 医疗信息化 | 2017 年 |
| 个人医疗信息安全与 | doc.ai | 医疗健康数据 | 美国 | 企业 | doc.ai | 2016 年 | 人工智能 | 2017 年 |

| 分类 | 名称 | | 国家 | | | | | |
|---|---|---|---|---|---|---|---|---|
| 隐私保护 | Gem Health | 医疗健康数据 | 美国 | 企业 | Gem | 2014年 | 区块链 | 2017年 |
| | Medibloc | 医疗健康数据 | 韩国 | 企业 | Medibloc | 2017年 | 区块链 | 2017年 |
| | Nokia | 医疗健康数据 | 芬兰 | 企业 | — | 1865年 | 通信设备 | 2017年 |
| | Akiri | 医疗健康数据 | 美国 | 企业 | Akiri | 2018年 | 区块链 | 2018年 |
| | burstIQ | 医疗健康数据 | 美国 | 企业 | burstIQ | 2015年 | 人工智能 | 2016年 |
| 医疗保险 | 水滴互助 | 医疗保险 | 中国 | 企业 | 北京纵情向前科技 | 2013年 | 众筹/保险 | 2018年 |
| | 曙光筹 | 医疗保险 | 中国 | 企业 | 上海善链信息科技 | 2016年 | 众筹/保险 | 2018年 |
| | 轻松筹 | 医疗保险 | 中国 | 企业 | 北京轻松筹网络科技 | 2014年 | 众筹/保险 | 2018年 |
| | 众托帮 | 医疗保险 | 中国 | 企业 | 上海伸托网络科技 | 2016年 | 众筹/保险 | 2016年 |
| | 安链云 | 医疗保险 | 中国 | 企业 | 安链云 | 2016年 | — | 2016年 |
| | Hixme | 医疗保险 | 美国 | 企业 | Hixme | 2015年 | — | 2015年 |
| | ShineChain | 医疗保险 | 中国 | 企业 | ShineVChain | 2017年 | — | 2017年 |
| | Insurchain | 医疗保险 | 新加坡 | 企业 | Insurchain | 2015年 | — | 2015年 |
| | Change Healthcare | 医疗保险 | 美国 | 企业 | ChangeHealthcare | 2005年 | 医疗信息化 | 2017年 |

（续）

| 分类 | 项目/案例 | 涉及内容 | 国家 | 项目主体 | 项目主要参与企业介绍 | | | |
|---|---|---|---|---|---|---|---|---|
| | | | | | 企业名称 | 成立时间 | 原有业务 | 参与区块链时间 |
| 供应链管理 | 云医链 | 处方医疗流通 | 中国 | 企业 | 桂林医药、香港理工大学、深圳超算 | 2018 年 | 药物流通 | 2018 年 |
| | Ambrosus | 食品药品溯源 | 瑞士 | 企业 | Ambrosus | — | 食品溯源 | 2017 年 |
| | BlockVerify | 药品防伪 | 英国 | 企业 | BlockVerify | 2015 年 | — | 2018 年 |
| | 三方流通平台 | 药品防伪、医疗健康数据 | 中国 | 企业 | 三方流通平台 | 2017 年 | — | 2017 年 |
| | 中医链 | 药品防伪、身份认证、交易记录 | 中国 | 企业 | 欧碧堂 | 2006 年 | — | 2017 年 |
| | 美丽链 HEY | 药品防伪、身份认证 | 中国 | 企业 | 美丽链 HEY | 2018 年 | — | 2018 年 |
| | 趣链科技——医疗供应链金融 | 医疗供应链金融 | 中国 | 企业 | 趣链科技 | 2016 年 | 区块链 | 2016 年 |
| | | | | | 医伴金服 | 2017 年 | 金融科技 | 2018 年 |
| | 飞医网 | 医疗供应链管理 | 中国 | 企业 | 飞医网 | 2014 年 | — | 2017 年 |

目前，市面上的区块链 + 医疗项目已经有接近 60 个，其中绝大部分都是 2016 年以后成立的新项目。在项目领域分布中，聚焦医疗信息安全、信息共享和隐私保护的项目最多，其中绝大部分的关注点都在个人身上（见以下两图）。

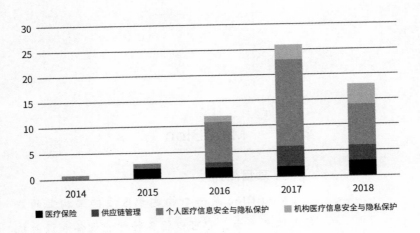

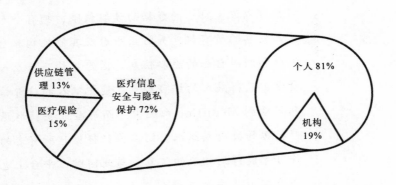

# 第 2 节　案例分析

## 案例一　MediBloc

### 1. 项目简介

MediBloc 是一个构建于区块链架构上的分布式信息平台，它可以将各种智能设备和医疗机构上分散的信息数据汇总到一起进行整合管理。用户可以设置自己的数据的读取权限，拥有个人医疗信息的所有权，并防止平台及其他机构私自抓取和利用自己的隐私信息。医疗机构及行业人员需要获得病人的许可后，才能把病人的就诊信息记录到 MediBloc 系统中。而那些想要获取医疗数据的公司或组织，则需要征得信息所有者的许可才能得到相应的信息。与此同时，平台上也会有其他生态参与者利用平台的 SDK 和 API 来提供各种衍生的医疗服务。

MediBloc 发行自己的平台通证 MED 并搭建了自己生态内的经济系统。所有对平台的生态进行贡献（主要是贡献产出数据）的用户和机构，都可以根据贡献程度得到一定的代币激励。MED 代币可以用来在 MediBloc 的诸多合作伙伴中支付诊疗、保险、药品等费用。

## 2. 技术分析

（1）平台架构

MediBloc 由核心、服务和应用三层组成（见下图）。

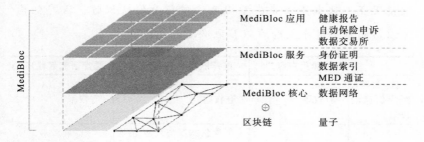

来源：《MediBloc 白皮书》

MediBloc 的核心层是经过加密的分布式数据网络，并提供单独的存储网络来对医疗数据进行存储。平台上所有的医疗数据都会先被加密再进行传输，从而防止数据泄露。此外，为了防止数据丢失，核心层还专门提供了单独的备份与恢复系统。

MediBloc 的服务层的主要功能是将核心层与应用层相连执行数据输入 / 输出功能，并对用户信息加以管理。MediBloc 的智能合约以以太坊虚拟机为基础。

MediBloc 的应用层包括一系列在平台上进行信息管理和信

息处理的应用程序。这些程序通过加入平台生态来获取访问平台上数据的权利。平台为这些应用程序提供了专门的 SDK 以简化开发，开发者也可以通过平台发布的 API 来将自己的应用与平台相连。

（2）账户

MediBloc 平台上有普通用户账户、医疗服务提供者账户和医疗研究者账户三种（见下表），不同账户拥有不同的功能与权限，后两种账户需要在注册时进行资质认证。为了保证患者隐私，一个普通用户不能访问另一普通用户的个人账户。但在极端情况下，比如患者丧失意识无法进行身份认证时，医疗机构可以访问患者的个人账户以获取必要的信息。

| | 普通用户账户 | 医疗服务提供者账户 | 医疗研究者账户 |
|---|---|---|---|
| 读/写本人医疗信息的权限 | 有权限 | 有权限 | 有权限 |
| 查看他人医疗信息的权限 | 默认没有权限。可在账户所有者同意的情况下获得权限（家庭账户设置） | 在紧急状况等特殊情况下，一些信息可以在未经授权的情况下查看。默认只有在账户所有者同意的情况下有权限，并被医疗服务提供者标记为"医疗服务提供者申请查看" | 只有在账户所有者同意时有权限。申请其他人的记录时标记为"医疗研究者申请查看" |
| 填写他人医疗信息 | 默认没有权限。在账户所有者同意后有权限（家庭账户设置）。标记为"非医疗记录填写" | 只有在获得账户所有者的同意后有权限。标记为"医疗服务提供者申请填写" | 默认没有权限。在获得账户所有者的同意后有权限。标记为"非医务人员申请填写" |

（3）医疗机构资质认证系统（Healthcare Provider Credential

System）

平台为了将普通用户和医疗机构区分开，专门设立了一个针对医疗机构的资质认证系统。平台上有关诊疗信息的数据必须由认证为医生的账户产生。而认证的医疗机构所贡献的诊疗数据也会具有更高的价值。

（4）存储空间（Storage）

MediBloc 将数据信息存储在基于 IPFS 的文件系统和数据网络上，这些数据被特定用户的私钥进行加密，并将数据的哈希值存储在区块链中。存储空间除了手机、电脑等个人设备外，还包括平台核心层区块链之外的存储空间。而数据的完整性可以通过哈希值来进行验证。

MediBloc 的服务层提供了数据搜索功能，并为此运营了自己的搜索系统。用户可以自由选择是否允许个人信息被搜索到，如果允许，搜索系统就会将这些数据的索引信息保存下来。医疗研究者可以通过该系统获取他们所需要的数据。

## 3. 通证经济分析

MediBloc 系统内设计了两种代币，即 MediToken（MED）和 MediPoint（MP 积分）。见下图。MED 是平台内部交易流通的通证，MP 积分是针对用户对平台贡献度的衡量与评价体系。MP 积分只能在平台内部使用而无法赠送或是在外部交易，而MED 代币既支持平台上用户间的 P2P 交易，也支持在平台外部进行交易。MED 代币和 MP 积分一起，构建起了 MediBloc 平台完整的经济体系。

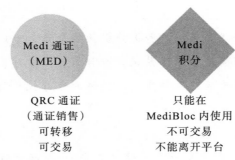

Medi 通证
（MED）

Medi
积分

QRC 通证
（通证销售）
可转移
可交易

只能在
MediBloc 内使用
不可交易
不能离开平台

（1）MP 积分

MP 是平台为了衡量用户贡献程度而设计的内部积分，下图展示了积分获取与消耗的方式。用户可以直接通过 MED 代币购买积分，也可以在平台上做出贡献，如创建和上传数据信息，而获得奖励。用户和医疗机构上传个人信息或是诊疗信息都会获得 MP 积分奖励，奖励多少则取决于信息的类型和质量（见下图）。

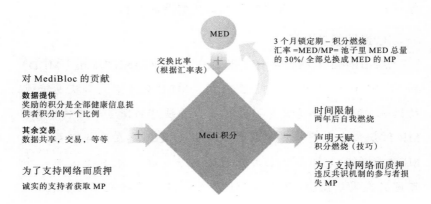

MED

交换比率
（根据汇率表）

3 个月锁定期 – 积分燃烧
汇率 =MED/MP= 池子里 MED 总量的 30%/ 全部兑换成 MED 的 MP

对 MediBloc 的贡献

**数据提供**
奖励的积分是全部健康信息提供者积分的一个比例

**其余交易**
数据共享，交易，等等

为了支持网络而质押

诚实的支持者获取 MP

Medi 积分

时间限制
两年后自我燃烧

声明天赋
积分燃烧（技巧）

为了支持网络而质押
违反共识机制的参与者损失 MP

使用场景方面，如果医疗机构或是医学研究机构想要在平台上获得用户的数据，必须先达到一个基础的 **MP** 积分值。此外，当用户在平台上进行身份认证时，需要先抵押一部分的 **MP** 积分，从而让认证请求发给网络的其他用户。如果认证成功则会获得额外的积分奖励，如果认证失败则抵押的积分会被平台收回。

（2）MED

MED 的主要用途是购买用户的健康信息和医疗数据，或是使用平台上附加的其他服务，同时它也是一种吸引新用户和医疗机构加入平台生态的手段。

平台有自己的 MED 代币池来使市场上的 MED 流动起来，主要方式包括在平台上进行推送的广告费用、数据交易抽佣以及用户存储容量超过免费容量时的数据存储费。

### 4. 社区治理机制分析

MediBloc 的医疗机构资质认证系统采用的是混合认证体系，将权威机构中心化认证与 P2P 去中心化认证的方式结合在一起。在进行认证之前认证人需要先缴纳一定数量的 MP 积分作为认证的押金，如果诚信地完成了认证任务，除了可以获得退回的押金外还可以额外得到一部分积分奖励，而如果认证过程中存在欺诈等行为，那么平台就会将一部分押金没收作为惩罚。整个认证过程是匿名进行的，平台不会公布任何单一评估者的评估结果，最终的 P2P 认证结果会由所有参与认证的人投票得出。

## 5. 总结

MediBloc 希望运用区块链技术来实现现有医疗信息系统无法实现的以患者为导向的综合医疗信息管理系统。换句话说，通过建立一个理想型个人健康记录平台，满足医疗护理信息系统可靠性、透明性和安全性等所有要求，实现可靠医疗信息的安全交换。从规划上看，该系统具有以下优点：

第一，MediBloc 让用户真正拥有了自己的数据。相比于传统医疗机构掌握全部患者信息，MediBloc 平台上只有患者本人才能用私钥对数据进行解密，从而将个人信息的访问权限交给个体用户，避免了单个医疗机构信息泄露而造成大范围患者信息泄露的可能，也消除了大规模医疗信息泄露的风险。

第二，在 MediBloc 平台上，用户和机构的医疗健康信息存储在 IPFS 分布式系统中，并将数据的哈希值保存在区块链上，用来对数据完整性进行验证。一旦数据被伪造或是更改，平台就会发现并用备份数据来进行恢复，即便是本人也很难随意更改已经保存的医疗数据。这样一来，医疗数据的可靠与完整性就得到了更好的保证。

第三，在 MediBloc 平台上，任何人查看任何医疗信息的行为都会在区块链上留下记录。当前的医疗信息系统缺乏对信息使用过程和使用者身份的识别与记录，而 MediBloc 平台则可以对全部行为进行透明、完整的记录和管控。由于只有患者本人拥有对自身数据的全部访问权限，因此可以防止其他人对医疗数据的恶意访问。

第四，MediBloc平台提供了一个不依赖任何特定医疗机构及组织的分布式数据库，从而为用户提供了随时随地的便利访问服务。目前绝大多数医疗机构采用的都是内网系统，不但外网无法访问，而且会设置非常多的访问权限。MediBloc平台的出现让患者和医生都降低了对某一个特定机构的依赖，从而让访问和管理医疗数据这件事变得更为便捷和有效。

但是，我们也要看到，目前MediBloc项目存在着诸多问题：

技术实现上难点较多。根据白皮书的描述，平台为了实现对个人信息的隐私保护，需要使用SGX、零知识证明等隐私保护技术。但这些技术相对较新，目前尚未被大规模商用，因此项目能否按照白皮书计划把这些技术成功实施，要画上一个大大的问号。

根据团队对生态的构思，团队希望将医疗机构、医疗服务提供者和患者都拉到平台上。但问题在于平台对参与方的激励主要是通过积分和代币形式发放，代币的价值受到公开市场波动影响较大，激励能否持续刺激各参与方加入生态尚未可知。另外，医院本身就是一个很封闭的体系，需要强大的医院和医生资源进行推广，但目前尚未看到团队在这方面有很强的资源和动作，因此，项目能否真正落地也是一个严峻的问题。

## 案例二　美国伊利诺伊州政府用区块链技术追踪医疗执照

### 1. 项目简介

2017 年 8 月，美国伊利诺伊州金融与职业监管局（IDFPR）宣布，该机构将和美国健康医疗区块链公司 Hashed Health 合作，共同尝试将区块链技术应用到医疗执照的发放与跟踪流程中来。该项目旨在将医疗执照数字化，并通过智能合约自动执行与州际许可证相关的工作流程。

值得一提的是，Hashed Health 是一家医疗区块链领域的创业公司，2016 年成立，曾获得多家机构 180 万美元的早期注资。该公司还成立了医疗区块链联盟，以便将更多的行业、企业拉进来。

### 2. 技术分析

传统模式下，对医疗机构和人员的认证是通过中心化机构进行的，对机构和患者来说信息不透明，更新不及时；人工维护的成本也非常高，还可能有舞弊的风险。该项目通过搭建一个联盟链，建立了分布式信任层，让医疗机构的认证许可在链上记录，所有信息公开透明，并可使用智能合约自动进行信息更新，从而防止了信息不对称的风险并节约了成本。

### 3. 优缺点讨论

在医疗领域内，区块链在身份认证、医疗支付、健康管理、价值医疗、临床应用和供应链管理等多个细分领域都有巨大的应用潜力。将区块链的分布式账本用于医疗机构和人员的执照验证，可以有效降低风险，简化流程，节约成本。

## 案例三　基因源码链

### 1. 项目简介

基因源码链的目标是搭建一个全球最大的针对基因组和健康数据的去中心化存储及应用平台，并希望最终建立一个精准的健康数据系统。人类基因信息中包含大量与个人健康紧密相关的健康数据，而这些数据可以在辅助临床诊断、携带者筛查、指导治疗、患病风险预测等诸多方面发挥作用。同时，项目也希望让生命健康数据的所有权、收益权和知情权回归到个体用户的手中。

### 2. 技术分析

基因源码链的技术架构可以分为数据层、存储层、激励层和应用层四层（见下页图）。

基因源码链的数据结构采用了标准的比特币链式结构，上链的数据是基因数据的哈希值，而本身的基因数据存储在 IPFS 中。共识机制方面采用的是 POS 算法。激励层由图灵完备的智能合约组成，设定了数据贡献者的奖励规则。从整体上看，基因源码链的技术架构较为简洁，创新不大。

### 3. 通证模型分析

数据贡献者、数据使用者、存储贡献者和增值服务者共同组成了基因源码链的生态（见下页图）。其中数据贡献者通过向网络中贡献自己的基因和健康数据获取代币奖励。数据使用者主要是企业和科研机构，要想使用用户贡献的数据需要用代币进行购买，而基因源码链针对经过认证的科研机构给予专门的折扣价格。存储贡献者需要为网络提供自己的存储空间并得到代币奖励。增值服务者则是其他相关的行业参与者，比如医院、基因测序公司、健康管理和数据分析企业等，它们可以基于公链开发自己的应用。

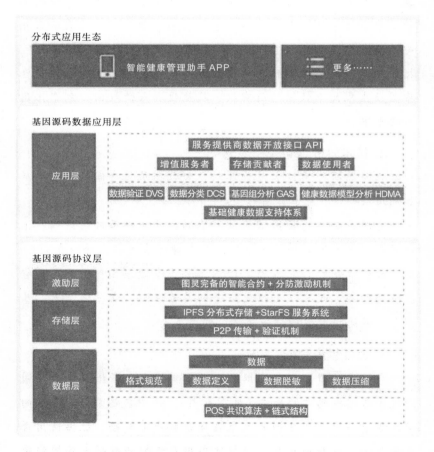

基因源码链还专门设计了一套差别激励的体系来鼓励用户

上传数据，这套激励体系的特点主要有四个。第一，用户提供数据所能获得的奖励和提供数据的时间成反比，即越早贡献数据，获得的奖励越多。第二，用户贡献的数据维度越多，得到的奖励越多，而单一类别的数据价值会随着贡献量的增加而减少。第三，用户提供的数据时间越长，越连续，获得的奖励越多。第四，对于特定种类的数据，贡献体检、病历和基因组数据将可以获得加倍的奖励。

### 4. 优缺点分析

基因组学是近年来最前沿的科学研究之一，也是可能在未来对人类社会发展起到巨大作用的一门学科。基因源码链希望建立全球最大的去中心化基因组和健康数据的存储和应用平台，如果设想能够实现，将对人类的健康与医疗行业进步起到巨大的作用。

但是，基因源码链本质上只是一个数据的收集与分布式存储平台，它很难解决目前基因组数据面临的核心问题。基因源码链采集的数据主要来源于各类DAPP，信息以日常活动产生的饮食或运动数据为主，这些信息的实际作用相对较小。虽然基因源码链提出了数据分级的概念，但对于体检数据、病例数据、基因组数据等等级较高的数据并没有一个切实可行的数据获取方案，这些数据大多来自线下传统医疗场景，而传统医疗机构之间的数据是封闭、不互通的，仅靠代币的激励很难将这些数据上链。另外，从技术角度看，白皮书中仅提到了选择IPFS作为数据存储的方案，但基因数据本身是私密度极高的，

**区块链 +**
从全球 50 个案例看区块链的技术生态、通证经济和社区自治

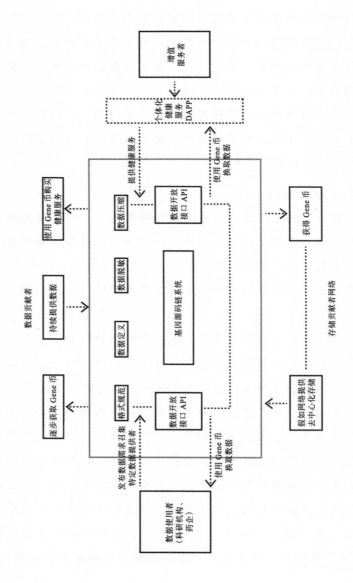

需要非常强的隐私保护技术，这方面在白皮书中几乎没有提到。而且，无论是采用 POS 机制还是 BFT 机制，都需要有节点负责出块，但在出块节点的选择与激励方面，提到的部分很少。特别是 POS 机制下需要有大量的节点来参与竞争出块，而这对一个创业项目来说是一件非常有挑战的事。

# 第 3 节　发展前景

区块链技术为医疗保健中的许多潜在应用提供了新的解决思路，为行业中的一些顽疾提出了一种潜在的技术方案。利用分布式数据库来保护敏感的核心数据，通过多节点共治来解决不同机构间数据不能互通、无法共享的问题，都将是区块链未来在医疗行业能发挥的巨大作用。

然而，目前还处在技术发展的早期阶段，无论是技术落地还是商业推广都面临着切实的难题。

## 1. 区块链技术距离商用还有距离

目前，区块链技术还处在快速迭代的过程中，目前主流的底层公链普遍面临着效率、安全、去中心化三者之间的取舍问题。我们认为在底层技术问题得到解决之前，医疗行业作为一个偏传统和严肃的行业，试水进度可能不会很快。

此外，无论是个人还是机构，医疗数据和健康数据都是最敏感的信息，必须要进行隐私保护。然而目前的隐私保护技术，无论是 TEE、同态加密还是多方安全计算、零知识证明，距离实际落地应用都有不小的距离。

### 2. 区块链不是传统行业痛点的万能钥匙

对医疗行业来说，区块链能解决部分技术问题，但不是所有问题的万能解药。比如对大部分医药公司来说，医疗数据的获取是一大难题，而区块链本质上只能通过通证的激励在一定程度上鼓励不同机构进行数据交换，但是不能从根本上完全解决这个问题。不同主体之间的数据交易平台，需要的是强大的商务拓展功能，区块链只是一种支持的技术，而不是一劳永逸的万能解药。

# 区块链 + 游戏

BLOCKCHAIN +

# 第 1 节　现状

## 一、游戏行业发展概况

2017 年全球游戏市场规模为 1089 亿美元，
同比年增长 7%（见下图）。

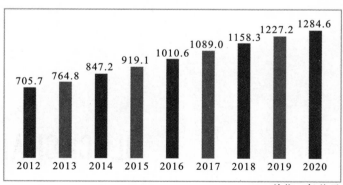

单位：亿美元

来源：《2017 Global Games Market Report》

中国是全球第二大游戏市场，仅次于美国。2017 年中国游戏市场实际销售收入达到 2036.1 亿元，同比增长 23.0%（见下图）。

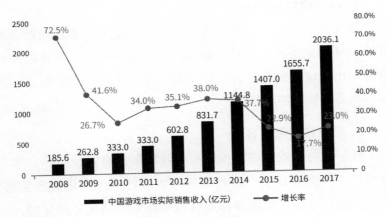

来源：游戏工委《2017 年中国游戏产业报告》

游戏行业产业链上的角色包括 IP 版权方、游戏开发商（CP）、游戏发行运营方、渠道方（流量提供方）、终端用户。周边衍生产业则有广告媒体、底层开发平台/引擎、支付渠道、玩家社区等。

## 二、游戏行业目前的痛点

### 1. 机制不透明

以往的游戏往往不公开游戏中数字资产的调控机制，玩家也无法验证游戏公司声称的机制真伪，使得玩家的权益受到限制。特别是棋牌、竞猜等类型的游戏，其胜负或中奖的概率虽以明文说明，但玩家无法验证其真伪，可能出现游戏公司从中谋取不当收益、损害游戏公平性的情形。

### 2．游戏数据不透明

游戏的操作数据、交易数据不透明会造成一系列问题，对棋牌、竞猜、答题等类型的游戏，其胜负的判定、奖励的发放均可能出现造假的情形，比如实际应发而未发，或发给本不应赢得奖金或奖品的账号。

### 3．游戏资产无所有权

对于当前游戏中的虚拟财产，玩家仅拥有其使用权，而非所有权。因为游戏资产的载体是游戏公司的中心化的服务器，所以当游戏公司停止服务器运营或将玩家游戏账号封号时，玩家的游戏资产也随之消失，游戏资产严重依赖于游戏产品的存续和其中心化且未公开的管理规则。

### 4．游戏资产封闭性

游戏资产的交易和处置一直是个难题，论坛和社区中的点对点交易很难保证安全，在第三方交易平台上交易又要被平台收取高达 10% ~ 30% 的手续费。此外，大多数游戏的经济体系往往是单一而封闭的，游戏资产无法跨游戏交易，比如玩家很难通过出售"魔兽"的道具来换取"王者"的皮肤。对那些投入较多金钱的玩家来说，一旦弃坑，除了大幅折价卖掉账号外几乎没有其他回收成本的途径。

### 5. 游戏经济体系紊乱

游戏经济体系直接决定了游戏的可玩性、玩家的付费意愿和长期黏性。而目前很多游戏都会出现游戏后期资产过度产出和金币超发的问题，这种通胀的发生会对游戏造成很大的负面影响。

## 三、区块链在游戏行业中的应用机会

目前区块链与游戏行业主要有两种结合的思路：一种是直接在现有公链上开发游戏应用，即区游DAPP；另一种是利用区块链技术对游戏产业的基础设施和衍生服务环节进行优化和改造，比如底层行业公链、资产道具交易平台、专用钱包、区游分发渠道等。

### 1. 区块链技术在游戏行业中的应用机会

**解决游戏机制不透明的问题**

利用智能合约的强制性和开源性，公开游戏资产的生成方式、获得概率、数量等规则，并确保游戏按照此规则执行。典型应用如依赖于概率的竞猜、棋牌和抽卡游戏。而且，基于智能合约强制执行和开源的特性，没有信任背书的新团队也能迅速让用户建立对产品的信任，有助于中小创新团队的成长。

**解决游戏数据不透明的问题**

利用区块链交易账本公开且不可篡改的特性，区块链游戏可以把所有数据都开放到网上，让玩家有据可查。比如玩家可以在EtherScan（etherscan.io）网站上查询特定的智能合约的

ETH 总量、总交易量、所有单笔历史交易记录、智能合约代码等一系列数据。

**保障玩家对资产的所有权**

区块链去中心化的特性，使得游戏运行不再依赖于中心化服务器，解决了玩家随时可能因游戏公司的操控或关停服务器而受到损失的问题，将游戏资产的所有权真正地交到玩家手中。同时借由区块链可溯源、不可篡改的特性，记录下每一笔交易的发生、资产的流动，防止交易信息受到篡改，从而在一定程度上杜绝游戏中的欺诈现象。

**游戏资产交易更方便**

通过将资产上链，游戏资产将能更安全便捷地进行交易。未来通过跨链技术，玩家可以进行跨游戏、跨平台的游戏资产交易。

### 2. 区块链通证经济在游戏行业中的应用机会

首先，通证可以作为用户的激励手段，在新用户加入或者用户完成任务时给予奖励。其次，通证可以成为游戏生态内购买道具或资产的支付工具，而且通过把游戏内的道具资产通证化，可以让用户的游戏资产更好地在游戏玩家间交易和流通。最后，通证可以作为游戏生态内各类第三方服务的结算工具。

### 3. 区块链社区治理体系在游戏行业中的应用机会

区块链的共识机制和智能合约将游戏货币的发行权从游戏公司手中释放出来，还给广大的玩家，让游戏经济的运转秩序规则化、市场化。但如果共识机制设计不合理，游戏公司又丧失了原先对游戏经济体系的人工干预手段，也可能造成另一种经济失衡的问题。

我们将区块链游戏与传统游戏的区别总结如下：

| | 现有游戏 | 游戏 + 区块链 |
| --- | --- | --- |
| 游戏机制 | 游戏机制不透明（比如战斗类游戏中的资产获取方式和概率，棋牌类游戏中胜负出现的概率与判定方式） | 全部写成智能合约开源放在网上，有据可查，开发者无法进行作弊 |
| | 开发者可以随意变更游戏规则 | 智能合约一旦触发就会强制执行，开发者无法变更 |
| 游戏数据 | 游戏数据不透明 | 全部在区块链上，有据可查 |
| 游戏资产 | 仅有使用权，没有所有权，依赖中心化服务器 | 记录在区块链上，永久拥有 |
| | 账号随时可能被厂商封号 | 厂商无权封号，需由整个社区达成共识后操作 |
| | 游戏资产封闭，只能在单一游戏中使用 | 游戏资产可以随时进行交易，甚至是跨平台交易 |
| | 货币发行权在开发商，可能造成财富泛滥、通货膨胀 | 开发商提前用智能合约写好规则，实际发行取决于玩家行为 |

## 四、区块链游戏的发展阶段

区块链游戏的发展受制于目前开发环境和底层设施性能的制约，将会是一个循序渐进的过程，我们认为可能会是以下的四阶段路径（见下页表）。

第一阶段：用 Token 代替游戏币，成为游戏中的结算方式。

第二阶段：将游戏的道具和装备 Token 化，并做去中心化交易。

第三阶段：将游戏的关键规则和核心数据放到链上运行和存储。

第四阶段：游戏整体上链运行。

| | 关键步骤 | 解决问题 | 代表项目 |
|---|---|---|---|
| 第一阶段：使用 Token 作为游戏金币的结算 | 基于 ERC-20 协议制作 Token | 游戏"金币"产出量和流通的透明化 "金币"的跨游戏流通 "金币"兑换渠道的多样化 | CandyShooter，旅行青蛙 Candy.One 版本 |
| 第二阶段：游戏金币和道具去中心化、去代理交易 | 基于 ERC-721 协议制作 Token | 将非同质化的事物（账号、道具、装备等）代币化 游戏内所有广义交易行为都以 Token 结算 | Cocas-BCX、Enjin 等道具交易平台 |
| 第三阶段：关键规则上链运行 | 将链上游戏所需的基础设施及关键规则写入链上，实现数据链上交互、游戏链外运行 | 实现规则的公开、透明、不可篡改，保证游戏的公平性，增强用户体验和玩家群体信息 | Cryptokitties 等卡牌游戏，目前市面上的大部分游戏都属于此类 |
| 第四阶段：游戏整体上链运行 | 游戏的全部后台逻辑处理代码在链上统一共识并执行，并由去中心化的区块链网络平台承载和存储数据 需要绝对可靠、高效的容器与节点，以及成熟的跨链技术 | 真正意义上的"区块链游戏" | Loom、GSC 等各种公链 |

四个阶段中，第一阶段只是把游戏中的积分和金币代币化，意义相对有限。第二阶段是通过 ERC-721 合约生成异质化 Token，从而将游戏中各种特定的装备道具映射到链上，进而

完成交易，目前已有一些道具交易平台在做这类事情。第三阶段是将游戏中的关键信息（比如游戏的核心规则、资产情况等）放到链上，但受限于技术问题目前只能采用数据链上交互、游戏链外运行的折中办法，目前市面上大多数游戏都是这种操作办法。第四阶段则是将整个游戏的运行放到链上，这需要成熟的底层公链和各类配套服务设施，还有很多技术难关需要被攻克。

## 五、区块链游戏的现状

### 1. 游戏数量快速增长

根据 DAPPRadar 的统计，目前排行前 100 的以太坊 DAPP 中 52 个都是游戏类应用。据不完全统计，目前市面上的区块链游戏超过 150 个。

### 2. 用户规模相对较小

主要还是币圈用户，目的是投机或体验，而不是以纯游戏获取愉悦为目的的玩家。根据 DAPPRadar 统计，DAU 超过 1000 的游戏只有以太猫一款，超过 100 的也只有 6 款。绝大部分游戏每天的交易额都在 10 个 ETH 以下。

### 3. 可玩性相对较差

玩家流失速度快，生命周期短。刚上线一周曾蹿升至所有统计 DAPP 中第一位的 CryptoCountries，几周后 DAU 仅为 1，24 小时内交易量已为 0，生命周期仅为短短数周。

### 4. 性能仍然是游戏开发的最大瓶颈

目前大部分区块链游戏都是基于以太坊环境开发的，但以太坊 TPS 理论最大值只有 20 次 / 秒，难以保证大量用户进入游戏时的体验，容易产生拥堵和等待。

### 5. 交易费用过高

每次发送指令都需要消耗 GAS，而目前 ETH 的价格仍然使 GAS 费用显得比较高昂。在以太坊上进行一次战斗通常需要耗费 10 元人民币。虽然目前很多其他的链声称有更低廉的解决方案，但是这些方案仍在开发中。

### 6. 大公司缓慢试水

包括百度莱茨狗、网易招财猫在内，国内互联网巨头或明或暗地先后在区块链游戏领域试水，但玩法都以卡牌养成换皮为主，没有出现爆款产品。

### 7. 相关设施还不完善

包括开发服务支持、推广渠道、支付方式、底层公链在内的诸多行业基础设施都还不完善，一定程度上制约了游戏的可玩性和 CP 的创新能力。

# 第2节 案例分析

## 案例一 Loom（僵尸币）

### 1. 项目简介

Loom 构建的是一个基于以太坊的侧链网络，它的核心产品是一款 SDK，这个 SDK 可以让每个游戏 DAPP 快速简便地生成自己的以太坊侧链，让应用跑在自己的侧链上。玩家平时把资产放在主链，游戏时转移到侧链上运行，结束后再将资产状态转移回主链。Loom 希望通过这种方式解决以太坊 TPS 性能不足、交易费用过高、跨链交易难等问题。

### 2. 技术架构分析

Loom 通过自己的 SDK，为每个游戏生成一个 DAPPchain，并允许开发者在上面开发自己的 DAPP。本质上说 Loom 提供的是一个基于以太坊网络的第二层区块链。DAPP 链的共识规则为 DPOS(股权代理证明机制)，这种共识机制能够在一定程度上保证交易的处理效率。

跨链方面，Loom 借助 Plasma 跨链技术来使资产在以太坊主链和 DAPPchain 上自由转移，在侧链上的交易是完全免费的。

### 3. 通证经济分析

Loom 的通证主要有两种作用。一种作用是超级节点竞选。Loom 采用的 DPOS 共识机制和 EOS 一样，也是需要使用代币投票选出记账节点。另一种作用是会员资格代币，当玩家想把游戏资产从 Loom DAPP 链转移到以太坊时，需要购买 Loom 代币并锁定，进而获得转移资产的资格。

目前 Loom 的通证经济还比较简单，但未来有很多丰富的空间。比如 Loom 可以在资产转移方面设立等级制度，如果用户需要一次性大量转移资产就要支付给平台相应的会员费用，或者可以将 Loom 作为生态内各个游戏之间资产交易的中介货币等。

### 4. 社区治理分析

社区治理方面，Loom 的主要尝试是采用了 DPOS 共识机制，该共识机制需要代币持有者通过锁定代币投票来选出一定的超级节点作为自己的代理人，负责交易记录、确认出块等常规事务。

### 5. 总结

Loom 通过为以太坊构建侧链网络的方式，解决了目前区块链游戏交易速度慢、易拥堵、交易费用偏高的问题。从技术角度看,它为目前的区块链游戏提出了一种可行性较高的解决方案。

目前 Loom 的问题主要来自其通证经济方面。对于运行在 Loom Network 上的 DAPP 应用而言,Loom 币并不能直接购买 DAPP 上的数字资产,而 DAPP 的数字资产也不能和 Loom 币的价值进行转换,而是需要将数字资产换成 ETH,再由交易所进行交易后才能得到 Loom。简单来说,如果 Loom Network 项目成功,按照目前的官方公示信息来看,最终成就的是 ETH 而非 Loom 币。

此外,目前除了 Loom 的构建侧链方式,EOS 和 TRON 等公链都已经开发完成并主网上线,由于采用了 DPOS 机制,这些项目在自己的主链上就可以达到几千甚至上万的 TPS,而且不需要再和其他公链(如 ETH)做交互,因此接下来 Loom 也将面临更激烈的竞争。

## 案例二 Wax

### 1. 项目简介

如前所述,当前的游戏资产交易存在安全性无法保证、无法跨平台交易、手续费较高等问题,因此,出现了一些基于区块链的游戏资产交易平台,而传统第三方游戏资产交易平台也开始进行区块链化的尝试。

Wax 是一个去中心化平台,允许任何用户在其功能齐全的虚拟交易平台上交易，而无须在安全、基础设施或结算处理上投资。Wax 是由世界领先的网络游戏虚拟商品交易平台 OPSkins 的创始团队设计开发的。Wax 平台允许上千万交易者在同一个去中心化平台中建立自己的虚拟商店。Wax 平台将整合提供即时支付、安全、验证服务的所有人，并将带领所有新用户进入一个日益成长的生态系统（见下图）。

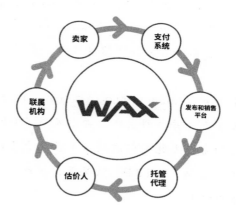

## 2. 技术分析

Wax 平台构建在以太坊上，是一个上层应用层项目。目前许多游戏平台都推出了自己的道具交易平台，但彼此之间割裂、不打通，Wax 通过提出统一的资产交换协议并支持各个游戏平台，为玩家构建统一的道具交换平台。

Wax 的共识机制采用的是类似于 EOS 的 DPOS 机制，超级节点在 Wax 网络中被称作"公会"。一开始，平台会通过选举产生 64 个公会，而随着游戏和服务器的增加，公会的数量也会随之而增加。公会的主要职责是当用户需要购买商品时为其指定交付代理，交付代理相当于撮合服务提供商的角色。每个游戏和服务器都有自己专门的交付代理，交付代理需要先将一定的 Wax 打给平台作为交易押金，每笔交易的金额不能超过该服务商押金的 25%。通过在玩家之间提供结算服务，交付代理可以得到一定的佣金。若交付代理不再希望接单，可以向公会发出信号，并在执行完所有已有的结算合约后得到返还的押金（见下图）。

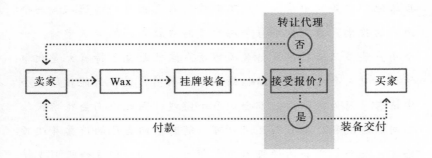

## 3. 通证经济分析

Wax 平台有自己的通证，称为 Wax，可以用于商品的定价与交易、合约的签订与执行，以及公会的选举。Wax 的使用让用户可以自由、安全地进行虚拟资产交易。

虚拟商品的价格以 Wax 代币表示并支付。如果是接入 Wax 平台的其他网站，资产可能以其他货币标价，那么发布代理需要先将价格转换为 Wax 代币价格。

系统会根据用户持有的 Wax 代币的数量来分配其在公会选

举中的投票权，并随着用户持有 Wax 数量的增减而相应变动。

在 Wax 平台上的所有结算以 Wax 代币进行。Wax 可以分割到小数点后 18 位，因此可以方便地用于小额结算。

### 4. 社区治理分析

Wax 的社区治理主要分为两块，一块是公会的投票，一块是争议的解决。

确认节点（即"公会"）由用户投票给被推荐代表选举产生。选举人通过代币持有者推荐产生，之后用户就可以用 Wax 代币投给他们信赖的申请人，但不能投给自己推荐的候选人。一个用户的投票，只能投给每个游戏或游戏服务器的一项申请。一个用户最多只能投票支持 8 项申请。这就避免了持有大量代币的用户对某个游戏的垄断性影响。单个用户最多只能投给 8 个申请者，因为每个用户都会玩多个游戏，因此他们会将票投给不同的游戏和公会。而且用户可以随时撤回自己的选票并改投给其他公会。公会的评级不会立即大幅下滑，但这会吸引支持该公会的其他用户的注意力。

在争议解决方面，用户需要在争议发生时先创建一个合约，并将争议交易金额的一半存入合约中作为押金。合约需要写明发布信息、交付代理的地址、结算执行合约的哈希值，以及指定代理的公会。公会会在收到争议申请后派出一名中立的交付代理进行仲裁，该仲裁人通过调查交易情况并根据其他相关文件做出裁决。仲裁人如果正确处理了争端，那么其评级将会升高，平台也会抽取押金的 10% 作为调解费用。

### 5. 总结

去中心化资产交易平台将资产的所有权回归到玩家本身，使得游戏运行不再依赖于中心化服务器，解决了玩家随时可能因游戏公司的操控或关停服务器而受到损失的问题，将游戏资产的所有权真正地交到玩家手中。同时借由区块链可溯源、不可篡改的特性，记录下每一笔交易的发生、资产的流动，防止交易信息受到篡改，从而在一定程度上杜绝游戏中的欺诈现象。

但是这类项目从技术角度看难度不大，都是把游戏资产映射成为区块链上的同质或异质Token，因此核心在于快速拓展B端开发商、发行商的能力。目前已经出现的这类项目团队大部分原本都在游戏行业特别是道具交易行业有所积累，或是在和行业内的核心企业进行合作，比如Enjin和DMarket都与Unity进行合作，Gameflip之前就是做第三方游戏资产交易的平台。Wax所依托的OPSkins是全球最大的皮肤交易平台，这也能帮助公司在行业中卡到一个较好的身位。但是从目前来看，公司在商务推广方面进度较慢，除了OPSkins自身的渠道外，其他渠道尚未看到可以使用Wax支付的场景。

## 案例三　Crypto Kitties

### 1. 项目简介

加密猫（Crypto Kitties）是一款基于区块链的宠物养成游戏，包括猫的生育、收集、购买、销售等。它是用户可以永久拥有的虚拟宠物，而传统的虚拟宠物是保存在提供服务的公司服务器上的，一旦公司关门歇业，虚拟宠物也就人间蒸发了。用户一旦拥有加密猫，其所有权会通过智能合约分布式记录在整个互联网上，无法复制和销毁，这笔数字资产可以在任何以太坊区块链系统里保存、流通、交易。

玩法方面，最核心的玩法是繁殖和收藏。在游戏初始阶段，开发者销售 100 个创世猫，同时每隔 15 分钟还有一个可以用于买卖的 0 代猫诞生。每只猫的长相都不同，基因可以传给下一代：如果让两只电子猫交配，生出的孩子会遗传各自的 256 个基因组，影响外观、个性、特征等，总计有 40 亿种可能的变化。配种次数越多和越晚世代出生的小猫的生育率越低，越接近第 0 代或外观越独特的猫越贵。

作为 2017 年的爆款区块链游戏，加密猫上线仅几小时就占据了以太坊超过 15% 的网络，贡献了 30% 的交易量，甚至造成了以太坊网络的拥堵，直接导致以太坊打币的矿工费比平时高了 10 倍，并且还会打包失败。据统计显示，截至 2018 年 1 月 1 日，加密猫的数量达到 355619 只，被卖掉的猫的数量达 156746 只，交易次数达 379978 次，交易总价达 54572.1367 ETH。按照当时 ETH 的价值，总交易额约 2.7 亿元人民币，玩家数量达 40203 名。热门的加密猫售价高达百万元人民币。

然而一年过去，加密猫的热度也迅速下降，每日的活跃用户仅有不足 1000 人，即便加密猫官方在 2018 年又陆续尝试了基于加密猫资产的赛车、战斗等游戏，但效果依然很不理想。目前日活跃用户已经降到了 300 人左右（见下图）。

来源：https://www.cryptokitties.co

### 2. 通证经济分析

加密猫项目并没有发行自己的通证，其经济模型也非常简单，使用以太坊来购买或出售加密猫资产。

### 3. 优缺点分析

加密猫作为第一个爆款，首次将区块链游戏这个概念从小众圈子带到了大众的视野之内，在行业内有着非常深远和重要的意义。

但是加密猫作为一款游戏，其玩法本身较为单调，基本上是几年前手机卡牌游戏的翻版，创新性和游戏性都不强，对游戏用户来说玩法太无趣，对投资用户来说又缺乏安全性。而且它所基于的以太坊网络性能问题十分严重，交易费用高，高峰时转账可能拥堵超过1天，极大地限制了玩家之间的交易。最后，由于制作简单，门槛较低，短时间内就出现了诸多复制和跟随者，比如百度莱茨狗、网易招财猫、小米加密兔等，这也分流了加密猫本就不大的用户群。

# 案例四　Decentraland

## 1. 项目简介

Decentraland 是构建于以太坊区块链上的虚拟世界，有区块链版《我的世界》之称，是虚拟经营类游戏的代表之作。Decentraland 的土地（Land）是记录在区块链上、数量固定且有限的虚拟资产，所有权可以像真实世界中一样转移。用户可以使用 Decentraland 发行的代币 mana 购买虚拟世界里的土地，区块链不仅会记录交易，还会给出 x、y 坐标以记录数字地产的位置。所有未被购买的地产都可以按照 1000 mana=1 地块买到，但不同领地在二级市场的价值会随它们距离中心的远近和流量大小而有所差异。用户还可以在自己拥有的土地上开发自己的应用和内容（相当于开发了自己的公链，让社区开发者可以在公链上开发自己的应用），构建自己想要的建筑或者游戏，并获取这些应用的全部收益。

## 2. 技术分析

Decentraland 的架构包含三层（见下页图）：

- **Consensus Layer（共识层）**：管理土地（所有权、内容的连接等）和 mana 代币。Decentraland 使用以太坊智能合约来管理土地，土地的交易记录和所有权都会被记录在区块链上，每块土地都是不可替代的，并拥有特定的坐标值记录。
- **Land Content Layer（内容层）**：通过分布式的档案系统存储内容。每块土地上的内容都需要多份文件来描述，包括物件内容、脚本和 P2P 互动。这些文件可以使用 IPFS 系统来分布式存储。

- **Real-time Layer（实时呈现层）**：让使用者能实际体验这个虚拟世界（所有土地上的内容），并与其他使用者彼此互动。除了用各种 3D 渲染技术呈现内容（主要通过虚拟现实装置）外，还希望使用者之间可以通过信息或语音等彼此互动。

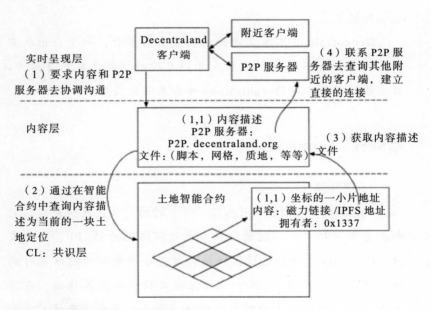

来源：《Decentraland 白皮书》

## 3. 通证经济分析

Decentraland 基于以太坊的 Erc-20 标准发行了自己的代币 mana，可以用来在 Decentraland 的生态内购买和拍卖土地。

Decentraland 构建了一个去中心化的土地市场，类似于土地拍卖。

### 4. 总结

虚拟经营类游戏相对于前面提到的卡牌类游戏，在玩法的丰富度和可玩性上都有了很大的提升，玩家可以根据自己的想法自由地创建虚拟世界，在其中进行各种建设、交易、战斗活动并能够形成一套社区系统。但是相对而言，这类游戏往往与 VR、AI 等领域结合，对各方面技术的要求比较高，开发周期也相对较长。

Decentraland 本质上是面向开发者的平台，但平台由所有用户主导，而不是单个玩家或者公司控制，因此更具有活力。目前已经有团队对 Decentraland 平台募集风投基金。

## 案例五 Fomo3D

### 1. 项目简介

Fomo3D 是 2018 年七八月风靡一时的一款区块链游戏。它和加密猫一样，是一款运行在以太坊网络上的 DAPP。简单来说，Fomo3D 是一款通过区块链和智能合约发行的刚性兑付的新兴博弈式"彩票"。所有人投注的金额都会进入奖池，先进入者可以从后进入者的投入中分红，而最后一个出价的人其价格维持一段时间就可以获得全部奖池的 48%。整个过程干净透明，完全由智能合约控制，具有刚性兑付的特性。

## 2. 通证经济分析

Fomo3D 的成功之处就在于，它设计了一套非常复杂的游戏规则，主要包含 4 种玩法。

（1）夺宝机制

夺宝机制的本质是彩票，Fomo3D 的每局游戏都有一个 24 小时的倒计时，玩家在倒计时中用以太坊来购买游戏代币 Key。只要有一名玩家买了 Key，游戏的倒计时就会增加 90 秒，倒计时的上限为 24 小时。游戏的赢家是在一局游戏倒计时结束时，最后一名买入大于等于 1 个 Key 的玩家，该玩家可以获得整个奖池的 48%。Key 的价格会随着游戏的进行而发生动态变化，一般来说每当有人购买了 Key，后面的人购买的价格就会更高。这样随着玩家越来越多，购买 Key 的成本也会逐渐提升，倒计时结束游戏才结束。

（2）战队分红机制

战队分红机制吸引的是普通的持币玩家，该玩法类似于 POWH3D 的分红机制。用户可以按照自己拥有的 Key 数量占全部 Key 数量的比例，获取后加入游戏的玩家购买 Key 花费的 ETH 一定比例的分红。游戏有四个战队——蝰蛇队、公牛队、鲸鱼队和白熊队。每个战队的分配机制和属性都有所差别，玩家的分红数量取决于他在买 Key 时选择加入的战队。玩家可以随时更改自己所属的战队，而分红以最后一次购买 Key 的选择为依据。游戏中有两种分红，一种是在整局游戏中持续分红，另一种是在一局游戏结束时从奖池中一次性分红。

奖池的设计决定了用户的选择倾向。比如在游戏过程中，蝰蛇队持续分红的比例最高，因此玩家会更愿意加入这个战队。而当游戏接近结束时，公牛队分给 F3D 玩家的比例最高，因此选择公牛队的玩家会增多。

除此之外，分红规则中还考虑了 POWH3D 的玩家。根据 Team Just 在 Discord 采访中提到的 Fomo3D 与 POWH3D 实际是一个生态，再结合 POWH3D 是一个去中心化的交易所，我们可以猜测，POWH3D 未来将是这个生态中的真正母平台币，持有 P3D 平台币，便可享受 Fomo3D 以及未来 Team Just 开发的游戏的收益分成。甚至我们可以惊人地发现 POWH3D 采用的是类似"交易挖矿"模式，用户买入或卖出 P3D 币，均需要付出 10% 作为手续费分红给所有的持币者。<sup>⊖</sup>

（3）推荐奖励机制

推荐奖励机制主要针对的是拉新，目标是做大整个池子。"顾问团"是 Fomo3D 自己的推荐，玩家只需要投入 0.01 以太币就可以得到一个专属于自己的推广链接，并可以获得之后所有通过这个链接进入游戏的玩家的以太坊花销的 10%。而且，推荐机制是逐层穿透的。因此用户即便自己不直接玩游戏，但只要持续推广新的用户，就能获得收益。

（4）幸运糖果机制

最后一种机制是幸运糖果机制，其目的是提高单个用户的购买频率和付费值。所有用户购买 Key 花费的以太币，其中有 1% 会进入一个奖池中。玩家每次买超过 0.01 以太币的 Key 的行为，都会让其获取空投糖果的概率提高 0.1%。

---

⊖　源于《Fomo3D：天使还是魔鬼？》，火币。

### 3. 总结

Fomo3D 本质上是个资金盘游戏，是打着区块链外壳的博弈。正因如此，才能在早期吸引到众多投机的玩家入场。但是当用户基数越来越大，新入场的资金速度逐渐放缓之后，这个资金盘对用户的吸引力逐步下降，最终沦为鸡肋。而且该游戏从技术开发上看难度很低，短时间内就出现了大量的团队抄袭或是微创新的玩法。对用户来说，转换成本极低，可以快速从一个成熟的游戏转换到另一个新上线且收益率较高的游戏，这也造成了其用户黏性不足，流失率很高。因此，Fomo3D 有其自身局限性，难以长期持续地获得成功。

但是，Fomo3D 的出现，客观上刺激了更多人使用 Metamask（以太坊钱包插件），使他们了解了区块链、智能合约、DAPP 等概念，吸引更多人进入了区块链的世界中。它切实地为区块链应用的创业团队提供了一种新的思路。

## 案例六　EOS BetDice

### 1. 项目简介

EOS BetDice 是在 2018 年 10 月火爆的一款运行在 EOS 上的区块链博彩游戏。其峰值日活达到了 3.5 万人，峰值的 7 日交易量达到了 3100 万 EOS（当时约合 11 亿元人民币），成了名副其实的一款现象级游戏。这款游戏采用了最简单的掷骰子的方式，系统会随机在 1 ~ 100 之间出一个数字，玩家来决定买大还是买小，根据规则可以设置赔率和中奖概率等，比如说用

从全球 50 个案例看区块链的技术生态、通证经济和社区自治

户如果能投出 1，那么赢的概率是 99/100；如果投出 2，赢的概率是 98/100。基础返奖率为 98.5%。

BetDice 的成功之处在于，一是引入了自己的代币 Dice，二是引入了抽奖机制。抽奖环节的规则是：按下抽奖按钮抽取幸运号码，并根据号码取得对应奖励。每小时可抽奖一次。虽然设计非常简单，但是大大增加了大家的兴趣和可玩性。

### 2. 通证经济分析

目前很多博彩类游戏都是直接使用 EOS 进行操作，而在 BetDice 中除了 EOS 作为筹码之外，还引入了自己的平台代币 Dice，Dice 可以通过空投、游戏挖矿（早期高达 100 倍）、邀请奖励、质押分红等方式赚取。

Dice 玩法的核心是游戏挖矿。游戏挖矿的意思是，用户每玩一局游戏就可以获得一定倍数的 Dice 平台币，而这个倍数是随着玩家的多少而变动的，早期挖矿收益最高。模式类似于 FCoin 的交易挖矿。因此，Dice 游戏中也出现了专门的矿工，即利用机器人交易刷量来获得 Dice 币，并在后续调整挖矿收益时出手获利。正因为游戏挖矿机制的存在，Dice 代币的价格从最早的 1:10000 暴涨到了 1:6.25，相差了 1600 倍，可称得上是暴利。

### 3. 总结

经过分析之后我们发现，BetDice 与其说是个博彩游戏，不如说是个挖矿游戏，和 FCoin 类似都是变相 ICO。只不过 FCoin 面向的是量化交易的炒币用户，而 BetDice 面向的是区

块链游戏用户。因此我们认为，BetDice在后期会面临和FCoin一样的问题，即用户发现挖矿逐渐无利可图，纷纷套现持有的代币离场。FCoin希望在矿工离场后能留下真实的交易者但失败了，而BetDice在矿工离场后能否靠真实的游戏用户撑住代币价格，还需观察。

另外，从BetDice的成功之中我们可以看到，随着技术的进步、公链的成熟和玩法的不断演进，区块链应用特别是DAPP游戏还是有着相当大的机会。BetDice的大热，无疑是一个很好的例证。EOS的出现，DAPP的不断改进，会使区块链时代的到来成为现实。

# 第 3 节　发展前景

### 1. 玩法单一，缺乏创新的换皮游戏会逐渐死掉

过去出现了大量同质化利用代币换皮的卡牌游戏，其无论在玩法本身的创新度还是游戏的剧本 / 数值策划上都不足以让玩家持续保持热情，未来一段时间内会有大量这类游戏死掉。各类基础设施，包括底层公链、资产交易平台、支付插件等会逐步完善。

### 2. 游戏的治理机制与经济模型不断创新

目前大部分游戏的世界观和治理机制还处在原始程度，而未来成功的区块链游戏一定是通过自身社区的机制设计来吸引和激励玩家从而获得持续增长。

### 3. 行业巨头会逐步进入

目前已经做了区块链游戏的有百度、网易、小米等，巨头还处在试水阶段，以做单个游戏为主。未来如果行业发展成熟到一定阶段，巨头会进入发行、渠道等优势环节。

### 4. 长期仍然看好区块链游戏的发展

尽管目前的区块链游戏还存在着诸多发展过程中的限制与不足，但我们认为，区块链技术在游戏行业中有着真实的应用需求，相对来说也有较为明确的发展方向，而且游戏的数字资产从产生到流转再到消耗都在链上完成，因此是个落地可行性较强的赛道。另外，从互联网和移动互联网的发展历史来看，游戏始终是最先引爆且用户量最广的应用赛道之一，市场大，用户技术天花板非常高，再加上游戏人群本身数字化程度就很高，容易接受区块链和 Token 的新概念，因此未来区块链的应用 DAPP，也很有可能会先从游戏行业开始大规模进入普通用户的视野。

# 区块链 + 内容娱乐

BLOCKCHAIN +

# 第 1 节　现状

## 一、内容娱乐行业现状

　　内容的形式包括了文字、音频、视频及以上几种形式的混合。产品形态上多以社区或内容平台的形态展现。内容娱乐产品是近些年移动互联网大潮中最火热和最引人注目的，不少产品都在过去几年中取得了巨大的成功，比如知乎、喜马拉雅、抖音、哔哩哔哩等。

## 二、内容行业的痛点

### 1. 低质量内容泛滥

　　低质量内容泛滥的第一个原因是激励不足。内容平台的价值在于内容生产者和用户的流量与注意力，但目前这部分利益的绝大部分却被中心化的平台拿走了，优质的内容反而得不到合理的奖励，这反过来导致了内容生产者动力不足，进而离开平台，并带走一批用户。低质量内容泛滥的另一个原因是内容上的劣币驱逐良币。流量在中心化的平台上成了价值的唯一衡量方式，这也导致了大批"标题党"和低俗内容的出现，并让平台忽视了核心的优质内容才是长期发展的驱动力。

### 2. 安全不足与权益受限

对于用户来说，中心化社交与内容平台上的信息安全一直是个巨大的问题，平台存在信息被盗和泄露的风险，也可能发生平台恶意使用用户数据牟利的情形。除此以外，中心化的内容平台由于控制了内容分发和推送的权力，导致对普通用户来说，其自身的内容即便足够优质也很难进入到平台推荐榜单里，甚至如果不付给平台推广费就会被限制流量。这极大地降低了普通用户的体验。

### 3. 缺乏归属感与参与感

目前许多的内容平台如知乎、头条、微博等，都存在着平台和用户角色对立、关系割裂、利益冲突明显的问题，导致用户对平台非常缺乏归属感和参与感。

### 4. 内容输出者无法变现或无法高效变现

前文提到过，目前在中心化的社交和内容平台上，平台拿走了大部分的流量收益与注意力价值，内容的创造者和产出者却没有得到应有的奖励。除了少数的头部用户可以通过导流或者广告变现，绝大多数内容创造者和普通用户都难以获得利益。

### 5. 内容开发者高额的发行与推广费用

目前对一般的社交或内容产品来说，想要接触到更多的用户就需要上架应用市场或者 APP 聚合平台，但这些平台通常都会收取极其高昂的发行费用，导致开发团队的收益进一步降低。比如目前苹果应用商店对一般产品的收入抽点就高达 30%。除此之外，平台还会额外收取宣传推广的费用。

## 三、区块链在内容娱乐行业中的应用机会

### 1. 区块链技术在内容娱乐行业中的应用机会

**个人隐私得到强安全保护**

区块链技术可以让点对点之间直接产生信息交互并保持实时同步。因此节点可以将用户的信息通过加密保存起来，而贡献算力和存储空间的用户都能从中得到收益。用户也能掌握自己的私钥，进而对个人隐私数据拥有完全的权限。

**简化版税支付链条，降低交易成本**

区块链能够在版权所有人与消费者群体之间建立直接联系，从而保证版权所有人能够非常便捷地收取消费者支付的版税酬劳，同时也避免了中间环节的克扣。

除了移除支付链条上的中间环节之外，区块链技术的透明度和智能合约能够帮助版权所有人的作品得到更加合理公平的使用，也能够允许消费者通过分类账证明其对某个泛娱乐作品的合法使用权利。内容的每一次使用均可使创作者获得奖励，一方面保护内容创作者的权利，另一方面可以降低甚至去

除中间商的服务费，可以更好地激励内容生产者产出更加优质的内容。[⊖]

**加强版权保护力度，完善版权生态建设**

数字化版权的保护主要在三个环节：版权确权、版权保护以及版权交易。而区块链技术在上述三个环节中都可以发挥作用。通过构建一个去中心化、信息无法篡改、更为可信的网络系统，区块链技术可以在解决目前版权市场常见的欺诈和寻租等问题方面发挥很大的作用。区块链上的内容对全网公开，所有用户都可以作为监督者并享有知情权，而所有的交易都会被记录在链上作为永久性的证据。这些特性意味着，一旦把版权交易放在区块链上，很多痛点将迎刃而解，版权买卖有迹可循。

### 2. 区块链通证经济在内容娱乐行业中的应用机会

**通证机制刺激优质内容的创作与分发**

区块链的通证经济可以刺激内容生产方提供更多的优质内容，并根据用户的行为数据如点赞、转发等进行持续奖励。而且转发的用户如果内容的影响数据很好，也可以从中获得二次奖励。这样就可以根据用户自发的行为来筛选出真正优质的内容，让好的内容得到更多的曝光。

**通证的出现可以消除平台中间方，优化分配机制**

目前用户对内容的付费方式，绝大多数都是先付给平台，平台再分成给内容生产方。这中间有一大部分收入是被平台拿走了，真正分给内容生产方的部分反而较少。而随着区块链应

---

⊖　源于报告《区块链＋泛娱乐经济将是下一个风口》，安信证券。

用的出现，用户和内容生产方之间可以直接进行点对点的联系与打赏，无须经平台转手，从而消除中间方，让内容生产者得到更好的奖励。

### 3. 区块链社区治理机制在内容娱乐行业中的应用机会

内容社区中经常伴随的问题是抄袭与争端，以及争议内容的处理。传统的中心化平台中这些功能都是由平台的后台人员进行操作处理，并非公开透明的，因此会产生诸多的寻租空间。区块链采用的去中心化社区自治方式，可以把仲裁的权力交给社区成员中的仲裁者，而让仲裁者接受全部社区成员的监督和投票。这样做出的决定无疑能代表更多社区用户的利益，也能在更大程度上减少争议的可能性以及潜在的用户流失。

# 第 2 节　案例分析

## 案例一　Gifto

### 1. 项目简介

Gifto 是海外直播平台 Uplive 开发的一个全球通用的去中心化礼物协议。Uplive 平台 2016 年上线，截至目前已经拥有超过 2000 万的全球用户，年收入突破 1 亿美元。Gifto 要做的是利用去中心化的区块链技术改造传统的礼物打赏模式，允许任何内容生产者创造自己特有的个性化虚拟礼物，粉丝无须基于任何平台就可独立打赏，也就是说无论他们是在 Facebook、Instagram 还是 Youtube、Twitter 上，都可以使用 Gifto 协议来打赏自己喜爱的内容生产者。

## 2. 技术分析

每个虚拟礼物都将作为以太坊区块链上的一个智能合约来实施，从而使虚拟礼物能够独立于任何特定的内容平台或系统进行处理。这将有助于内容生产者减少对发布平台的依赖，从而获得更多收入，并能更好地依靠广告商。用于交易虚拟礼品的货币是 Gifto 代币，它将作为以太坊区块链上的 ERC20 标准进行部署。Gifto 代币还将用于激励参与者建立生态系统，帮助创建、策划和兑换虚拟礼物。

区块链技术提供了两个至关重要的功能：

（1）区块链可以创建一个在任何平台上都具有价值的虚拟资产，并且是不变的。

（2）区块链使得规则可以建立在一个分散的系统中，具有确定的角色，社区参与者可以利用这些角色来驱动工作流程。他们的行为可以通过区块链激励和强化，创建一个自治的生态系统。特别是，虚拟礼物对不同参与者的价值收入份额可以直接写入礼物中（见下图）。

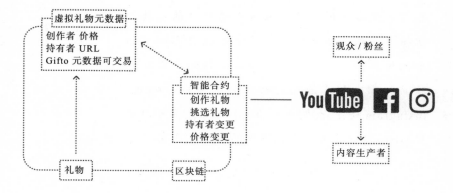

Gifto 协议旨在利用区块链技术的上述两种功能来创建一个分散的生态系统,在这个系统中,参与者可以共同创建、管理和定制各种高质量的全球虚拟礼物。为了使虚拟礼物不变且独立于任何内容平台,它将作为智能合约资产来实施。

### 3. 代币经济分析

Gifto 的代币经济非常简单,通过 Gifto 代币购买虚拟礼物,进而可以在各个平台上赠送给直播主播,这基本复制了原来 Uplive 中的钻石经济模型。

### 4. 总结讨论

Gifto 的优点在于已经有代币可以直接应用于现有的成熟业务,而且它提出的技术思路也非常简单,易于落地。但它的难点在于,虽然白皮书里宣称系统使用方便,只要一个链接就可以买礼物、送礼物,不需要额外插件,但是打赏产生的现金流是各个平台的重要资源,平台不大可能放弃控制权。外链这种形式又很容易被封锁,放打赏链接这样的事情又很难不被冒充。如果想要长期做大,发展方向应该是纵向上发展礼物内容生态,横向上与各种内容平台进行深度整合,直接成为普遍采用的打赏方案的提供商。

## 案例二 Steemit

### 1. 项目简介

Steemit 是一款基于区块链的内容社区,并通过代币奖励来让真正的内容生产者获益。过去，平台通过获取用户对社交媒体的关注和流量并将其转卖给广告商获利，但真正的内容生产者却很难从中赚钱。而在 Steemit 上，无论是进行内容生产、贡献有质量的互动，还是筛选和推荐优质内容，都可以从中获得奖励。

### 2. 技术分析

Steemit 是在 Steem 协议上的去中心化内容平台，可以让所有对社区有贡献的行为（比如发帖、评论、点赞）都能获得奖励。Steem 协议基于石墨烯技术开发，共识机制采用的是和 EOS、Bitshare 相同的 DPOS 机制，创始人是 BTS 和 EOS 的核心开发者 Daniel Larimer（BM）。石墨烯技术通过改进通信协议和服务器容量，将区块链的性能提升到每秒 1 万次交易以上。

### 3. 代币经济分析

Steemit 生态内一共有三种代币，分别是 Steem、Steem Power（SP）、Steem Dollar（SBD），它们的用处各不相同，但可以在网络内相互转换（见下图）。

（1）Steem

在 Steem 协议中最基本的代币是 Steem，基于它衍生出了其他种类的代币。Steem 可以在网络内作为支付方式在用户间转让，也可以在外部交易所进行交易。

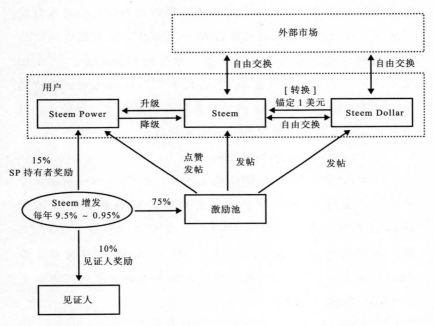

（2）Steem Dollar

Steem Dollar 是网络内的债券，或者说是一种稳定币，每单位 SBD 可以任意转换为价值 1 美元的 Steem。作者在平台上产出内容（包括写文章和评论）获得奖励时，可以选择获得 SBD 来防止币价波动对收益的影响。但在实际运行中，我们发现 SBD 的价格一直在 1 美元之上，和官方最初的设想存在一定的偏差。

（3）Steem Power

Steem Power 是网络内的会员积分，或称影响力因子。SP 被协议锁定且不能在市场上交易，用户的 SP 越多，他点赞一篇文章的影响因子就越高，这样可以同时增加自己和文章作者的收益。Steem 代币可以转换为 SP，类似于代币锁定机制。SP 反向转换为 Steem 则需要三个月，每周解锁一部分，一共 13 次。用户可以根据所持有的 SP 的比例获取对应比例的年度通胀的代币。由此可见，SP 提供的是一种锁仓机制，这种变相锁仓可以在一定程度上消化 Steam 增发的通胀。

（4）Steem Dollar 的增发机制

Steemit 会自动调节 SBD 的发放量。当 SBD 的供应量低于全部供应量的 2% 时，这时内容奖励只发 SBD 和 SP，用来加快 SBD 的投放速度；而当 SBD 供应量大于全部供应量的 5% 时，系统会停止发放 SBD，只发 Steem 和 SP 作为奖励。当 SBD 供应量在 2% ~ 5% 之间时，系统会根据一定的比例来发放 SBD、Steem、SP。

（5）Steem Dollar 与 Steem 的转换方式

系统提供了三种 SBD 与 Steem 的转换方式。第一，SBD 可以使用系统内的钱包客户端和 Steem 系统交互，交易会在 3.5 天内被区块链处理。交易被处理后 SBD 就会消失，用户会获得价值 1 美元的 Steem 代币。有专门的见证人在每天提供 Steem 代币的价格，最后的转换价格会根据其中位数决定。因此在交易完成时，用户获得的 Steem 代币价格有可能高于或低于 1 美元。目前这项功能只有使用外部钱包的用户才能调用。第二，Steemit 网站有一个内部的代币交易市场，用户可以在这个市场上自由进行买卖。第三，通过外部交易所买卖，由于 SBD 自身就可以流通和转账，因此用户可以将持有的代币充值到外部交易所来进行实时交易。

（6）代币增发机制

在 Steem 的经济模型中，代币只可能发生通胀，而不会发生通缩。即系统根据一定规则会不断向网络内投放代币，而不会像以太坊一样有类似 Gas 的代币回收机制。Steem 目前每年增发 8.5%，增发速度逐年递减。增发的规则主要有以下三方面：

- 75% 的代币会发放给在社区内贡献内容或进行点赞和评论的用户；
- 15% 的代币奖励给持有 Steem Power 的用户；
- 10% 的代币会作为见证者奖励用来激励社区用户踊跃竞选见证者。

### 4. 治理机制

比特币和以太坊的网络需要矿工记账来维护，矿工也会随着出块而获得奖励。而在采用 DPOS 机制的 Steemit 系统中，负责交易出块、交易审核和维护账本并因此获得奖励的节点被称作见证人，类似于 EOS 中的超级节点。Steemit 中见证人一共 21 名，其中 20 名是由生态内用户投票选举产生，最后一个见证人在其余全部候选人里随机决定。21 个见证人会随机打乱其验证出块的顺序，一旦见证人未能完成其义务就会被剥夺资格。

但 Steemit 系统目前面临的主要问题是，其生态内用户间的贫富差距非常大，76% 的 SP 集中在千分之一的用户手中，这种代币过分集中的情况使得见证人选举易于被操纵。

### 5. 总结讨论

Steemit 是技术影响力最强的内容版权类区块链项目之一，其最大的意义是设计了一种精巧的多通证生态系统，为内容及娱乐类区块链项目的通证经济设计提供了的指导。但另一方面，其过于复杂的通证经济机制也在一定程度上成了它的局限性。当一个外部的内容平台希望基于 Steemit 开发自己的区块链应用时，它会发现很难设计属于自己的代币经济模型。此外，Steemit 的激励分配存在强者恒强的潜在问题。由于代币的奖励会按照用户所持有的 SP 分配，这就会使得富人越来越富有。由于项目早期的 KOL 有较多的社区人脉，所以会出现熟人点赞的现象，甚至可能发生社区新人写作的收益不如老用户点赞收益高的情况，这对一个社区的健康发展来说显然是不利的。

# 案例三 币乎

### 1. 项目简介

币乎（bihu.com）是代币投资者垂直社区，可以说是国内最大的投资者社区"雪球"的区块链翻版，也可以说是 Steemit 的中国版。它在产品设计上和 Reddit、微博及 Steem 都有类似之处，用户在币乎平台上的内容和行为贡献都会获得对应的奖励。币乎为了将平台运营透明化，引入了币乎 ID 这一概念，同时它也有自己的代币 Key。

### 2. 技术分析

币乎从产品角度来看和传统互联网产品区别不大，其主要的创新之处在于加入了基于区块链的代币 Key，以及用于存储 Key 的币乎 ID。

币乎 ID 是币乎平台的用户身份系统，它在开源、非盈利、基于区块链的前提下对用户的数据、个人隐私和个人财产进行保护。与区块链账户不同，币乎 ID 允许用户在私钥遗失时依然可以找回自己账户里的数据和资产，同时一个币乎 ID 可以对应同一用户在不同区块链上的多个账户，并用单一的私钥来控制所有账户。但是这项私钥替换功能目前只支持自带智能合约的区块链，包括以太坊、小蚁 neo、cosmos 等，不支持比特币。

Key 代币使用的是以太坊的 ERC-20 代币标准，但由于目前以太坊在每秒处理的交易量、交易延时及成本等方面都存在一些问题，币乎决定使用自己的技术解决方案来实施 Key。Key 的实施有两个阶段：第一个阶段是中心化的，即用户的 Key 都由币乎平台集中存储保管；第二个阶段，用户可以通过自己的币乎 ID 控制自己的 Key，币乎通过后台抓取区块链上的数据，实时同步每个币乎 ID 下拥有的 Key 数量，将它的使用与存储功能分开。

### 3. 代币经济分析

平台的代币 Key 主要用于对用户的行为进行激励，从而促进平台的发展和完善，快速获取更多的用户。

代币的主要用途包括：

**奖励优秀帖子**

让用户在产出优质内容的同时获得对应的收益。用户贡献优质帖子会得到奖励，系统有一个奖励池，每天释放固定数量的代币，相当于当天所有贡献内容的用户在竞争这些代币。奖励池的发放速度会每年递减。

### 奖励慧眼识珠

用户除了发布帖子，还可以通过点赞来发现和推荐优质内容。用户账户内锁定的 Key 的总量越多，其点赞的权重也越高，而一个帖子所获得的总点赞权重越高，作者和点赞者能得到的代币奖励就越多。单个锁定的 Key 每天拥有的点赞权是有限的，用来防止用户随意和低质量地点赞。点赞本身不会花费 Key，但通过代币锁定回收了市场上的流动性。如果用户随意点赞，平台内容质量下降，则代币价格也会长期趋于下跌，不利于用户自己的利益。代币解锁期为 30 天，解锁期间代币不拥有投票权，解锁期到期后才会重新流通。

### 收费看广告

在币乎平台上，广告商可以投放广告，但需要花费 Key 代币。广告商付出的 Key 会被平均分配给每一个观看广告的平台用户，作为他们观看广告的回报。

### 代币销毁

代币总量设定为 1000 亿，从机制上被设计为一种通缩型代币。币乎团队认为，将代币设计为通缩型有助于鼓励用户长期持有代币，这会帮助代币保持价格稳定，促使其升值，反向激励内容创作者和内容发现者更好地为平台做出贡献。币乎 Key 采用了代币销毁机制，主要途径包括广告销毁等，总的来说，平台上的用户越多，活跃度越高，代币销毁的速度也会越快。

**付费私享群**

币乎平台上的 KOL 和大 V 可以在平台上建立自己的付费社群，作为自己知识变现的途径。所有在群里的消费都将由 Key 完成。

**付费问答活动**

币乎平台上的 KOL 和大 V 可以在平台上发起付费问答，回答用户的各种提问。所有的提问付费都将由 Key 完成。

**付费私信**

平台允许用户之间互发私信进行交流，但同时允许用户设定私信的门槛以防止广告等的骚扰。而币乎平台上的 KOL 和大 V 可以为他们的私信交流设定价格，所有的付费私信也将由 Key 完成。

**获得特权**

持有 Key 越多或在平台上消费越多的用户可以拥有一定的特权，比如皮肤、发言栏提示等。

**打赏**

币乎平台支持用户对优质帖子和回复的打赏，所有的打赏也将由 Key 完成。

**周围生态的使用权**

此外，币乎还有许多的周边生态合作，包括矿池、区块链网络等。Key 也可以用来作为币乎 ID 区块链网络的手续费支付等。

**4. 治理机制**

在币乎平台上有不同的主题板块，各板块都有自己的管理组，类似于早期的 BBS 和论坛。管理组相当于板块的经营者，板块的流量越大，其广告价值也会越大，因而能给管理组带来更多的收益。币乎平台上所有的广告投放都需要用 Key 来完成，广告主支付的 Key 将分配如下：

（1）广告浏览用户；

（2）管理组；

（3）币乎平台；

（4）永久销毁。

起始分配比例暂定为：75% 归于浏览广告的用户，20% 给对应板块的管理组，平台在早期不分配代币，剩余的 5% 被系统回收自动销毁。这个比例在后续会根据管理组的运营能力做出调整，但总的原则是管理组比例不能比 20% 低。币乎平台希望通过这样的设计让板块管理者的利益和平台的利益绑定起来，从而更好地帮助平台经营社区，共同获益。

## 5. 总结讨论

币乎希望通过代币激励和社区自治的方式，让用户生产出更多的优质内容，并对优质内容生产者和社区管理者给以相应的回报。产品推出后，在国内的区块链爱好者群体中取得了不错的反响。

但是币乎的实际发展却远远达不到预期，核心原因就在于币乎的激励机制。币乎的激励机制会让创作者和点赞者形成利益共同体，你来给我点赞，我们一起赚钱，文章质量好坏以及有没有人看都无所谓，反正大家都有钱赚。在这种机制下，出现了各种互粉互赞群。最后的实质是币乎团队、创作者和点赞者，也就是所谓的读者，一起平分 1000 亿的代币，本质上变成了一个流量封闭的积分墙。尽管这个平台有各种漂亮的PV（访问量）和UV（独立访问量），但是除了这些数据之外，平台本身却没有创造出多少真正有价值的内容。

## 案例四　ContentBox

### 1. 项目简介

ContentBox 是一个基于区块链的数字内容协议，希望通过区块链技术搭建一个去中心化的数字内容平台，重塑利益分配机制。项目希望通过整合多方支付接口、建立统一的链上身份系统，以及为开发者和内容生产者提供一站式应用接口，从而构建一个链上的内容社区生态。

项目希望让内容行业所有的参与者都能从中获益，包括创作者、内容消费者、广告投放者、内容分发商以及开发者等。所有这些参与者都可以在项目的生态内公平、透明地进行创作、合作、分享和创新。

### 2. 技术分析

ContentBox 的技术架构由三部分构成（见下图）：

BOX Payout　一个用来承载跨应用的多方安全支付服务的安全快速的区块链系统；

BOX Passport　一种基于区块链的、跨应用的、跨平台的统一身份认证系统；

BOX Unpack　一个帮助中小型企业轻松快速地建立起一站式内容管理的解决方案。

ContentBox 的架构设计注重用户数量迅速增长时的扩展性，并为内容行业设计了专门定制化的智能合约，保护了转账的隐私。内嵌的钱包支持快速转账，并轻松地和现有应用进行整合。

### 3. 代币经济分析

ContentBox 平台上的代币称为 Box，这个奖励系统主要包含两个目标：用利益刺激的方式鼓励内容创作者产出更多的优质内容，激励用户发现和传播优质的内容。比如，音频内容的制作上传者可以得到代币的奖励，而音频的听众如果将内容分享给社交网络上的其他朋友并进行评论，他同样会收到 Box 代币作为奖励。

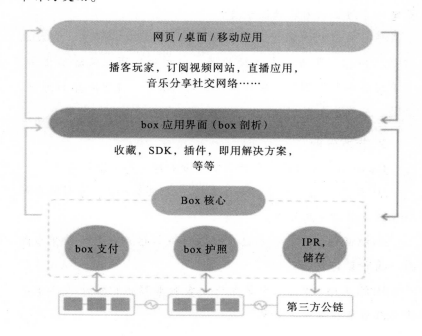

### 4. 治理机制

对一个内容社区来说，水军刷屏一直都是一个非常大的挑战，因为它会极大地影响用户的体验。要解决这类问题，平台通常的做法是雇用大量的内容审查员或使用 AI 算法来自动过滤，但是这些办法不仅低效，而且成本高昂。ContentBox 采用了社区化自治的方式来解决水军的问题。用户可以向平台举报无用的内容或水军的内容，通过平台核实后用户就会获得代币奖励，这样用户就会主动举报无用内容，从而提高平台内容的质量和用户的体验。

### 5. 总结讨论

ContentBox 试图通过打造一个分布式解决方案和一个代币生态系统，来协调内容生态链所有相关方的利益，解决内容行业目前的乱象，打破信息不对称现象，让内容行业所有利益相关者都能够获得应有的收益。相对来说，技术方案落地性较强，代币机制也很务实，加上团队有 CastBox 成功的创业经验，总的来说，ContentBox 的未来值得期待。

## 案例五　Ono

### 1. 项目简介

Ono 是一个区块链上的社交网络，旨在借用区块链的技术特性让社交网络达到真正的自由与平等，并让内容创造者获得应得的利益，让注意力贡献者的价值被发现。

## 2. 技术架构分析

Ono 技术架构包括以下六个部分。

### 身份认证体系

Ono 的身份认证体系是其生态的基础，它提供的服务包括账号注册与管理、内容确权、身份认证等。用户先要在网络上进行注册，之后就可以认证自己的身份。完成认证后用户可以拥有更多的权限，如参与生态建设的全民投票等。

### 内容存储系统

Ono 希望将大量的内容数据经过加密存储在专门的分布式存储网络中，例如 IPFS，而将加密后数据的哈希值保存在区块链上，以验证数据的完整性。用户只要拥有对数据的相应权限就可以调用智能合约来进行数据寻址。而存储空间的提供者并不会拥有对应的数据解密密钥，因此无法获取数据或造成数据泄露。鉴于目前 IPFS 尚在开发中，Ono 为了保证用户的体验，先将内容数据加密存储在自己的中心化数据库中，以保证产品的使用和交互体验。

### 共识机制

Ono 的共识机制使用的是 DPOS+BFT。该方案既能保证性能，又能满足一定程度的去中心化；既使其可以容忍拜占庭错误，又能增加 DPOS 机制的安全性。而当 EOS 主网发布且性能满足条件后，Ono 会考虑逐步迁移到 EOS 网络中。

### 端对端加密的消息传输网络

Ono 为了保护用户的数据隐私，对应用内的所有信息都采用了端对端的加密。无论是点对点聊天还是群组内聊天，用户在发送时都会用自己的密钥对信息进行签名，并在 P2P 网络中发送。由于消息被端对端加密，因此其他所有节点都无法解密并查看消息内容。而当接收者查看消息后，所有其他节点中暂存的数据都会被删除。

### 应用开放平台

除了用户持续的贡献内容之外，Ono 生态的持续发展也离不开自身网络功能的迭代。Ono 作为平台为开发者提供了一系列的基础组件，开发者可以根据自己的设计以及用户的需求来开发自己的社区功能并得到平台的奖励。Ono 平台提供的基础组件分为两类，分别是 UI 组件和功能组件。UI 组件又可分为视图容器组件、导航组件、表单组件、地图组件、多媒体组件以及画布等。常见的功能组件包括支付组件、数据库组件、网络组件等。

### 广告算法

Ono 平台有自己的广告竞价投放系统，并可以按照 CPA 或 CPC 等多种方式计费。该系统采用 Pacing 算法来进行效果优化。

## 3. 代币经济分析

Ono 平台上的代币称为 Onot。用户通过创作内容获得代币收益，内容的价值取决于其内容创造的流量以及对用户注意力的获取能力。

除了创作内容，用户还可以通过转发、点赞、评论等方式获取 Onot 代币。这样代币不仅可以促进平台活跃，也起到了鼓励用户社交的作用。对创作者来说，其发布内容所获取的代币奖励与该内容获得的用户互动数据相关，其中转发权重为

60%，评论为 30%，点赞为 10%，即用户内容获得的转发越多，奖励的代币也越多。

至于代币的用途，Ono 希望随着平台的发展逐步引入第三方服务，让 Onot 代币能够有更多的流通和应用场景。此外，代币还可以在 Ono 生态内部进行投票和交易等。

此外，Ono 生态内还有自己的广告系统。用户可以在自己创造的内容页面上创建广告位并得到代币的奖励。广告位投放得到的 Onot 的 80% 都会被销毁，这样一来，内容创作者在投放广告时也会让代币升值。

### 4. 治理机制

社区治理方面，Ono 创造性地提出了一种多层次的合伙人机制，如下所示。

**基调合伙人**。除了 Ono 开发者团队之外，前 30 万名最早加入 Ono 社交网络的人。

**共建合伙人**。除了 Ono 开发者团队之外，早期对 Ono 社交网络提供资金支持与开发帮助的人。

**社群合伙人**。基于基调合伙人竞选出最具有领导力的 Ono 成员，在早期除了 Ono 运营团队以外，承担起 Ono 创世社群组建工作的人。

**社群志愿者**。

**超级合伙人**。社交网络价值观的忠实守护者，负责对危害社交的网络内容做出处决的人。

其中权力最大的是超级合伙人，他们可以裁定哪些内容应当被折叠，当发现有争议的内容，超级合伙人有责任对其发起案例争议全民投票；用户有权力对他被折叠的内容进行申诉。超级合伙人是选举产生、定期换届的，每年更新一次。第一批超级合伙人已经在 2017 年 10 月由所有用户投票选举产生了。

## 5. 总结讨论

Ono 虽然在表面上和一些中心化社交产品类似，但是它的治理理念却有很大的差别。它提倡"价值平等、去中心化"，并设计了一套看上去可行的管理机制。但是也正因为这样，Ono 的构思与设计包含的范围过于庞大，与其说它是一个社交产品，倒不如说它是一项社会实验。它所倡导的理念能否真正帮助产品快速地推广和获客，现在还无法得出定论。但笔者认为，Ono 的理念有些过于超前，在实际执行过程中又对用户的自律和治理能力要求过高，因此对其未来的发展不看好。

# 第 3 节　总结讨论

目前的社交及内容行业已经形成自己的生态并且不断成熟，各个细分的领域也都得到了不小的发展，呈现出多元业态融合的情况，并成了新经济和数字经济的重要驱动力和支撑点。区块链技术将很有可能成为社交及内容行业发展的新的催化剂。

## 1. 构造 IP 全产业运作模式

在整个数字资产当中，泛娱乐的 IP 资产是潜力巨大的一类，而区块链可以从 IP 的孵化开始，并在内容的生产及 IP 的衍生变现等多个阶段发挥重要的作用。

在版权领域，区块链技术可以帮助那些真正优质的 IP 脱颖而出，并由专业的内容开发及代理商对其进行更为商业化的运作。

在作为二次创作的 IP 衍生阶段，区块链可以帮助行业规范其交易。通过区块链的激励机制和经济体系，区块链上的内容付费将打破孵化和内容生产的瓶颈，带动衍生品消费升级，并长期助力实体经济的成长。

在未来，行业内必将出现"IP+区块链"生态化运营的龙头企业，并将作为多个形态如投资方、制作方等深度参与整个IP开发运作过程，并形成一条"文–艺–娱"一体化的全媒体经营产业链。

### 2. 催生产业融合发展新模式

随着泛娱乐产业技术变革和娱乐需求的多元化升级，泛娱乐产业生态已经不再局限于产业内部的融合。作为互联网基础性业态的内容产业、电商产业、社交网络之间的边界也在日益模糊，迈向更高层次的产业生态之间的融合。 ⊖

在整个泛娱乐行业的融合与升级过程里，区块链承担了"连接器"与"枢纽"的角色，为多业态共同融合做出了重要贡献。而在未来，随着娱乐内容等虚拟行业与实体更加深度紧密地结合，区块链将会进一步成为各种产业互相融合的催化剂，与其他产业进行深度结合，并最终形成"区块链＋内容娱乐"的新模式。

在未来，"区块链＋内容娱乐"有望成为产业中品牌与文化升级的新的增长点，并从内容娱乐行业起步，逐步拓展到制造业、服务业等。"区块链＋内容娱乐"在未来必将加速数字内容行业与其他各行业融合、结合的过程，并成为一种独立的新型产业形态。

---

⊖ 源于《区块链＋泛娱乐经济将是下一个风口》，安信证券。

# 区块链 + 农业

BLOCKCHAIN +

# 第 1 节　现状

农业是当今世界最古老的行业，在所有行业中发展最为缓慢；区块链是当前最新的技术，对很多行业的发展都有颠覆性的启示。那么这一前沿技术要怎样和最古老的行业结合呢？

在历史的发展中，农业积累了很多问题，在1996 年，温铁军博士首次将中国农业遇到的相关问题归结为"三农问题"，2003 年"三农问题"正式列入政府工作报告。这么多年过去了，"三农问题"仍然面临很大挑战，主要症结在于供需不平衡、发展不充分。具体表现为：供给侧销路不畅，生产调整缓慢；需求侧缺乏优质、安全食品。在业界看来，这些主要源于农产品供需不平衡，在农业生产、流通、消费三大环节中，生产者和消费者过于分散、弱小，双方无法实现信息对称，无法直接对接，无法决定价格。其结果是：生产者采用一切降低成本的方式生产，产品必然不安全，自然更没有市场，消费者只能选择价格更低的产品，流通商只能打价格战，造成恶性循环。以我国农业为例，现在农业主要存在以下问题：⊖

（1）从农业生产经营的角度看，我们的农业仍相对传统，抗自然灾害的能力很弱；

（2）从可持续发展的角度看，我们的农业的市场经营模式不可持续，高耗能、高污染，发展代价很大；

（3）从信息化的角度看，我们的农业信息化基础薄弱，农业现代化仍处于早期阶段，我们需要引进更先进的技术和尖端的人才，实现农业信息化和现代化的升级；

（4）我们的农业食品安全状况有待进一步改善，食品市场存在"劣币驱逐良币"，互相倾轧价格、偷工减料、以次充好的问题，百姓渴望更加优质、安全的食品。

区块链可在一定程度上解决以上痛点，区块链可以发挥其特性，从溯源、记录、信用、高效和安全五个方面来赋能传统农业，协助农业发展。区块链的溯源特性可以减少信息不对称，让消费者更多地掌握食品生产流通的信息，从而更好地做出购买决策，让采购商借由生产和销售环节的数据分析，选择更好的食品源，再反过来指导源头的生产。农业部信息中心康春鹏博士认为："区块链将在物联网农业、农产品溯源、农村金融等六大领域运用，并推动产业发展。"

---

⊖ 源于《现代农业的未来：农业＋区块链？》。

## 1. 物联网

实现农业信息化的第一步就是完成数据的采集，这就有赖于物联网在农业领域的大面积推广。然而，物联网和区块链一样，仍处于早期阶段，目前的硬件成本较高，性能较差，还难以广泛应用。即使投入应用，随着智能设备的增加，整个物联网网络需要处理的数据量将呈指数级增加，就需要更昂贵的数据中心等基础设施的投入和维护。

物联网和区块链的结合也是当下热议的话题。区块链去中心化的特性很好地弥补了物联网的缺陷，相比云端控制为中心的高昂的维护费用和后期的维护成本，去中心化的区块链网络可以让网络中的智能设备实现自我管理和维护，大大降低了物联网普及的成本，有助于提升农业物联网的智能化和规模化水平。当然，我们仍然需要性价比更高的物联网智能设备。

## 2. 大数据

区块链分布式账本的特性可提供传统数据库的安全性，让数据实现开放、共享的同时也能保护数据的隐私，并赋予数据产权，从而给数据提供者带来激励，实现数据价值的流通。比如对农业信息真实性要求较高的销售商和提供农业贷款的信贷机构，区块链的分布式数据库可以减少核查成本，并基于真实数据做出正确的采购决策和反馈，指导销售和生产。

## 3. 质量安全追溯

区块链在农业领域的使用可以增强人们对农业食品安全的信任。在传统的农业生产经营活动中，消费者和生产者存在巨大的信息不对称，消费者对生产过程的安全性几乎一无所知。区块链可以保证上链数据的真实性，而物联网智能设备可以保证数据真实上链，如果流通中的数据被设备采集并上链，那便可以实现农业食品整个过程的质量安全追溯，大大增加了信息的透明度和可信度。

### 4. 农村金融

虽然有政策的支持和鼓励，但是农民还是很难拿到贷款，农业贷款还是以抵押为主，而大多数农民并没有足够的有价值的抵押物。区块链的分布式账本提供了一个去中心化、不可篡改的分布式数据库，有效减少了农业信贷的核查成本。

### 5. 农业保险

农业保险现在普及率仍比较低，主要原因包括：理赔周期长，保费较低，不易规模化等。区块链技术有助于增加数据的可信度，从而使用智能合约自动赔付结算，以精简原来的理赔流程。

### 6. 供应链

供应链是个涉及多主体协作的领域，而区块链的定位就是一个大规模协作工具。规模大小取决于是公链、联盟链还是私链，事实上，现阶段的联盟链已经可以适用于供应链领域，提升链上的管理效率。传统的供应链管理中，数据很难及时在多方流动，区块链很好地连接了供应链内的多个参与主体，让信息流真实、及时地在链上流通，这就保证问题能被快速发现并解决，而非等到导致损失时才事后追责。

　　而且，通过数据的追溯，即使出现了纠纷，区块链的分布式账本也可以轻松地实现责任追溯和数据举证。当然，也可以通过上链信息实现产品的溯源，减少假冒商品的流转。诚然，上链这步存在人为操作的空间，但是由于不可篡改的特性，客观上提高了信息造假的成本，这就在一定程度上减少了造假动机。

# 第 2 节 案例分析

## HARA <sup>⊖</sup>

### 1. 项目简介

HARA 创立于印度尼西亚，是应用在农业领域的一个分布式数据交易平台，允许数据提供者提交数据并获得奖励。

### 2. 技术生态

HARA 数据交换平台使用以太坊创建智能合约，跟踪和验证交易及所有权，通过 HARA 通证执行交易，并使用第三方交易所。HARA 底层用的是以太坊网络，存储系统使用 IPFS（IPFS 是一种分布式文件系统协议，用于将所有计算设备连接到同一文件系统），同时使用 Infura API

---

⊖ 源于 HARA 白皮书。

和 SDK 作为扩展。数据接入层面使用的是 Oraclize，作为连接 DAPP 和外部世界数据的桥梁。HARA 还使用 Bluzelle 为数据交换开发人员提供可扩展的数据库服务。目前，HARA 正在开发五类智能合约，如下所示。

（1）数据采集：启用对补充数据的访问控制和数据连接，允许自动数据生成。

（2）数据追溯：支持跟踪数据来源。

（3）数据评级：提高数据的可衡量性，如数据买家的数据评级系统。

（4）数据访问权限：允许访问每个数据提供者。

（5）收益分配：允许参与者之间的收益分配。

### 3. HARA 的通证经济

HARA 生态系统的目的是创造一个繁荣的数据交换经济。数据提供者可以从中获得收益，而数据购买者可以得到高质量数据以便做出更好的决策。HARA 面向农民，帮助他们做出更好的经济决策，并改善民生。

为了给数据定价，HARA 开发了一种允许通证持有者给数据估值的机制。由于数据检验者在数据库上抵押通证，这将使数据库更可视化并有助于最终购买数据，且允许他们分享收益。通过这种方式，可以验证数据价值，这将推动数据需求，为整个数据库创建更多应用。

如果数据更具体，具有上下文明确性和准确性，那么数据也会变得更有价值。因此 HARA 还提供了"丰富数据"类别，允许数据购买者重新提交更加具体的数据分析并使其变得有用。该平台将通过 HARA 区块链上的智能合约实现不同数据的自动化提交，包括提供移动应用程序的 HARA 套件、物联网（IoT）设备、卫星数据、图像等。HARA 生态系统结合了所有 Dattabot 与 AI、机器学习、大数据和第三方的经验数据库集成功能，使数据提交的用户体验更加友好。Dattabot 多年以来一直从事媒体和大数据业务，它已与众多企业、金融机构、科学家、政府、非政府组织和教育工作者就数据应用建立合作关系。

## 4. HARA 生态主要包含以下四种角色（见下图）

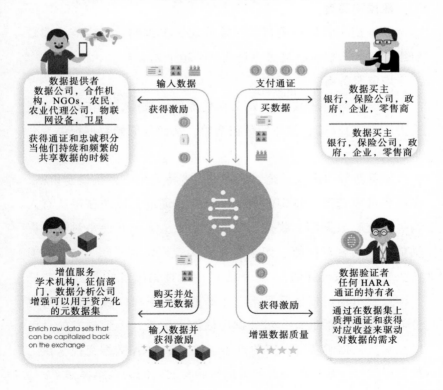

### 数据提供者

数据提供者包括个人数据贡献者、数据公司、合作社、非政府组织、外地代理和政府机构。数据提供者可因提交数据而获得奖励，并通过通证交换获利。

### 数据检验者

数据检验者可以是任何 HARA 通证持有者。数据检验者推动了对数据的需求，通过在数据库里抵押通证，促使数据库有价值并最终获得共享收益。

### 数据购买者

数据购买者包括银行、保险公司、零售商、供应商、非政府组织和政府机构，也可以是社区甚至个人。

### 增值服务商

增值服务商从 HARA 购买和处理原始数据，并将其重新提交为"丰富数据"，使原始数据增值，从而与原始数据提供者分享收益。

随着新数据进入系统，数据提供者将为生态系统设定价格，参与者可以选择在特定的数据上抵押其通证，以便在每次有人购买时分享数据库的收益。数据检验者从第三方视角对数据提供更准确的客观估值。如果数据确实被证明有需求（综合考虑购买数量和系统评级），则系统设定抵押物增加和相应收益减少，直到市场价格达到平衡。数据购买者也可以投资其认为有价值的数据库的通证，对数据评估做出贡献，得到的好处是可以在购买数据时获得一定的折扣。关于 HARA 数据交换平台上数据提供者、数据购买者和数据检验者之间的关系解释如下：

数据提供者可以通过提交数据获得奖励，并通过通证交易获利；

数据购买者可以跟踪和评价数据源，并获得有价值的数据的访问权限，进而获得数据分析带来的洞察；

数据检验者使用通证来投资有价值的数据库，并获得利润分享作为回报。

### 5. 总结讨论

HARA 团队阵容较强，母公司 Dattabot 是一家大数据公司，和当地政府保持着良好关系，前印度尼西亚财政部长 Chatib Basri 博士已加入其顾问行列，他说："HARA 区块链将帮助印度尼西亚的农民提高生产力，降低交易成本并增加收入。作为 HARA 的顾问，我很荣幸能够参与这次冒险活动。"HARA 的试点项目取得了不错的进展，该项目使该公司能够渗透到印度尼西亚农村的虚拟银行账户。现已经在 41 个偏远村庄的大约 3000 名农民中进行了数据收集。到 2020 年，HARA 计划通过扩大实施区域来吸引 200 万印度尼西亚农民。此外，正在准备向赤道上的其他发展中国家扩展，并且已经开始与泰国、越南、孟加拉国、肯尼亚、乌干达、墨西哥和秘鲁等潜在合作伙伴进行谈判。

HARA 的通证经济模型中，如何给数据估值是一个难题，它引入一种第三方押注投资的形式，并辅以市场化定价机制。这种做法类似 Steemit 的经济模式，对喜欢的内容点赞或分享，需要花费一定的 Token，但如果被后续更多的人点赞或分享，它将获得更多的通证补偿。但该模式存在"劣币驱逐良币"的可能性，即投资者可能更倾向于分享传播性更强的"标题党"文章，因为这能带来最大的潜在收益。

　　HARA 是为数不多的聚焦在农业领域的项目，因为数据交换的范畴非常广，对大数据分析公司来说，虽然有一定的行业基础，但聚焦并首选农业领域，可以说选择了一条最难走的路，因为农业的信息化程度低，数据获取困难，需要重新铺设物联网基础设施。但是笔者真诚地希望该项目获得成功，因为它面向的是最需要扶持的贫困农民，如果其试点项目有更实质性的突破，也将对我国三农问题的解决有着重要借鉴意义。

# 第 3 节　发展前景

　　纯粹的区块链＋农业项目，或者说聚焦在农业上的区块链项目并不多。一是因为区块链的特性往往需要和物联网、大数据协同发挥，物联网技术有助于前端获取数据，保证信息上链的真实性和高效率，而大数据则在后端通过优化算法来充分提取数据的价值，从而指导生产、销售和流通等诸多环节。二是因为现有行业是以商业属性来划分界限的，而区块链是从技术属性和使用场景出发来解决问题，这就类似锤子和钉子的关系，区块链目前提供的解决方案是从自身属性出发，类似于一把锤子，而实际问题是一个个钉子，早期的应用仍然处于探索阶段，现在的锤子可以应用到很多个钉子，但又不完全契合，最终锤子的形态可能会改变，也会有新的钉子出来。三是因为农业不是一个容易看到短期收益的领域。因此，纯粹聚焦在农业领域的区块链项目自然也就少了。

　　区块链在行业内的落地不仅依赖技术本身的发展，还依赖行业的进化。目前农业行业面临人才短缺、信息化程度不高等诸多问题，而区块链是信息互联网的升级，如果农业本身没有完成信息化，那区块链就不能发挥关键作用。区块链的落地，需要更多的人才投入，既懂信息技术又懂农业的人才少之又少，未来各行各业的发展与融合是大势所趋。物联网也是农业信息化的关键一步，物联网现在尚处于发展的早期阶段，它的发展也同样制约了区块链的落地进度和深度。

　　总的来说，区块链在农业领域应用的大规模落地仍需时间，产业升级、技术应用、标准设立、监督管理和生产管理多个领域还需要更广泛、更深入的探索，区块链技术和物联网以及大数据等其他技术还需要深入融合。

# 区块链 + 供应链

BLOCKCHAIN +

# 第 1 节　现状

## 一、供应链的定义

供应链的概念最早出现在 20 世纪 80 年代，是指产品生产和流通过程中所涉及的原材料供应商、生产商、批发商、零售商及最终消费者构成的供需网络。它是一个更大范围的企业结构模式，包含所有与之有关的上下游节点企业，从原材料供应开始，经过供应链中不同企业的制造加工、组装、分销等过程，直到产成品流向用户。它不仅是一条连接供应商和用户的物流链、信息链、资金链，而且是一条增值链。物料在供应链上因加工、包装、运输等过程而增值，给相关企业带来效益。

供应链管理是一种集成的管理思想和方法，是对供应链中的物流、信息流、资金流、业务流及贸易伙伴关系等进行计划、组织、协调和控制一体化的管理过程。在这种环境下，企业不仅要协调内部的计划、采购、制造、销售等各个环节，还要与包括供应商、分销商等在内的上下游企业紧密配合。供应链一般包括物流、商流、信息流、资金流，各环节有不同的功能和流通方向。

### 1. 物流

这个流程主要是物资（商品）的流通过程，这是一个发送货物的程序。该流程的方向由供应商经由厂家、批发与物流、零售商等指向消费者。由于长期以来物流理论都是围绕产品实物展开的，因此物资流程被人们广泛重视，注重物资流通过程中在短时间内以低成本将货物送出去。

### 2. 商流

这个流程主要是买卖的流通过程，是接受订货、签订合同等的商业流程。该流程的方向是在供货商与消费者之间双向流动的。商业流通形式趋于多元化：既有传统的店铺销售、上门销售、邮购，又有通过互联网等新兴媒体进行购物的电子商务形式。

### 3. 信息流

这个流程是商品及交易信息的流程。该流程的方向也是在供货商与消费者之间双向流动的。过去人们往往把重点放在看得到的实物上，对信息流通的重视不够。

### 4. 资金流

这个流程就是货币的流通，为了保障企业的正常运作，必须确保资金的及时回收，否则企业就无法建立完善的经营体系。该流程的方向是由消费者经由零售商、批发与物流、厂家等指向供货商。

# 二、行业发展现状

## 1. 社会物流总额不断上涨<sup>⊖</sup>

中国经济持续高速发展，为现代物流及供应链管理行业的快速发展提供了良好的宏观环境。近年来，我国经济增长带动社会物流总额快速增长。2016 年全国社会物流总额为 229.7 万亿元，按可比价格计算，比上一年增长 6.1%，增速比上一年提高 0.3%，全年社会物流总额呈现稳中趋缓，增速小幅回升的发展态势。全国社会物流的总额虽然增速减缓，然而整个物流行业仍处于上升的态势（见下图）。

## 2. 效率不断提高

国际惯例是以全社会的物流总额占国内生产总值的比例来衡量物流效率。该比例越低表示物流效率越高、物流发展水平越高。近年来，我国物流总额占国内生产总值的比例总体呈缓慢下降的趋势，从 2010 年的 17.8% 逐渐下降到 2016 年的 15%，该数据表明我国物流效率逐渐提高。在 2015 年 8 月

---

⊖ 目前，国内仍将供应链管理归类为"现代物流"范畴。但是单独地从商业本质属性来看，区块链和物流行业的结合经常涉及资金流和信息流的统一整合，因此，从区块链赋能的属性来看，我们是在探讨区块链和供应链的结合，但是从行业来看，供应链管理目前是个交叉领域，而现代物流才是一个行业名称。

13 日，国家发改委发布《关于加快实施现代物流重大工程的通知》，指出到 2020 年，全社会物流总额与 GDP 的比值要下降到 15.5%。届时物流行业对经济的保障和支撑作用将进一步增强。

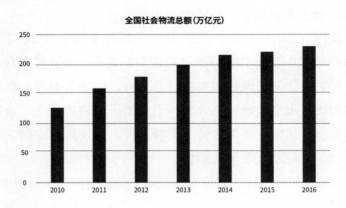

**全国社会物流总额（万亿元）**

来源：中国产业信息网

### 3. 行业基础设施不断完善

随着物流业固定资产投资的持续较快增长，物流基础设施条件明显改善。到 2016 年，全国铁路营业里程达到 12.4 万公里，其中高速铁路达 2.2 万公里以上。全国公路里程达到 469.63 万公里，比 2014 年增加 11.9 万公里。全国内河通航里程达到 12.7 万公里，港口万吨级及以上的泊位达到 2317 个。定期航班机场达到 216 个，年末全国铁路机车拥有量达到 2.1 万台，公路营运汽车 1435 万辆。

近些年来，随着众多集货运服务、生产服务、商贸服务和综合服务为一体的综合物流园区相继建立，以及功能集聚、资源整合、供需对接、集约化运作的物流平台不断涌现，我国仓储、配送设施的现代化水平不断提高。物流网络建设的不断完善，为物流行业今后的发展扫除了障碍，有利于今后物流企业平稳、快速地增长。

### 4. 行业逐渐向上下游延伸

2014 年 10 月，国务院印发的《物流业发展中长期规划（2014—2020 年）》指出，支持建设与制造业企业紧密配套、有效衔接的仓储配送设施和物流信息平台，鼓励各类产业聚集区域和功能区配套建设公共外仓，引进第三方物流企业，鼓励传统运输、仓储企业向供应链上下游延伸，建设第三方供应链管理平台，为制造业企业提供供应链计划、采购物流、入厂物流、交付物流、回收物流、供应链金融以及信息追溯等集成服务。

## 三、物流及供应链管理行业存在的问题

### 1. 物流链难以追踪

物流链通常跨越许多步骤和数百个地理位置，因此越来越难于追踪整个链条中的事件、验证正在运输的货物并迅速对不可预见的情况做出反应。此外，由于缺乏透明度，调查沿线发生的非法活动也变得非常困难。

### 2. 账期较长

一般而言，核心企业与物流公司的货款结算周期在 1 ~ 3 个月，而物流公司与下游司机的结算方式为现付，在开拓新的物流业务时，就需要物流公司使用自有资金为司机垫付资金，

所以企业的融资能力成了限制业务发展的主要因素。

### 3. 贸易真实性的确认成本高

供应链运行过程中，各类信息分散保存在各个参与方的系统中，整个供应链信息不透明、不流通，供应链各个参与主体很可能只对直接的上下游企业的信息有一定了解。信息分散未整合的现状给资金端评估企业信用、确认贸易背景的真实有效性、控制放款风险带来了困难。

### 4. 中小供应商难以获得融资

现实中，只有一级供应商和实力较为雄厚的供应商才能拿到融资，而真正需要资金的中小供应商却难以获得融资。因为对银行来说，两者的核查成本相差无几，而中小供应商的利润却小得多，这就造成银行在实际业务操作中会抓大放小，造成资源错配。

## 四、区块链在物流及供应链管理领域的应用机会

从大的层面讲，物流的整个生态系统是一个利益共同体。该共同体是由多个参与方组成的，从最初的商流开始，逐渐催生出物流，以及相对应的资金流和信息流。各种流的背后都有一个关键问题，就是商品所有权的转移。区块链技术解决的问题很多与资产所有权转移过程中产生的信任摩擦相关。所以，物流行业中涉及的多流融合的业务场景非常适合区块链技术发挥作用。应用区块链技术可以显著提高物流行业结算业务的处

理速度及效率，有效解决物品的追溯防伪问题，充分保证信息安全以及寄、收件人的隐私。具体来说，供应链中的物流、资金流可以与区块链很好地结合，详细案例将在后文予以介绍。

### 1. 区块链技术与物流的结合

区块链和物流的结合主要在于发挥分布式账本的公开不可篡改功能，区块链作为一个分布式的数据库，用来处理信息流和资金流，实现数据业务的透明可视化，对企业内部和之间的交易进行可追溯、不可篡改的信息记录，以保证信息的安全可信。另外，智能合约可以让账务结算自动化，代替人工操作，从而减少人为的交易和操作风险，加强资金流管理。

### 2. 区块链通证经济和物流的结合

在供应链中，物流常常伴随着资金流和信息流。比如，将应收账款数字化，采用加密措施来保证债务主体的真实表达，便于应收账款权益的分割、流转、确权，提高应收账款的流动性，从而达到优化业务流程的目的。把核心企业的应付账款通证化，在供应链内部传递优质核心企业的信用，把通证作为供应链内企业直接结算的媒介。这样可以优化核心企业的资产负债表，同时减少供应链内企业的三角债。同时，通证方便确权，作为存证上链的手段，可以方便企业做供应链融资，增加信息的可信性，减少融资中的核查成本。

### 3. 区块链社区治理结构与物流的结合

在供应链场景中，区块链很好地发挥了连接多方的桥梁作用，通过构建面向业务参与方、金融监管体系的区块链生态网络，实现多角色、多流程、多交易、多产品及资产的自上而下的三层穿透式监管。在满足了物流各参与方知情权的同时，还实现了监管实时化，提升了业务的颗粒度，有利于联合打造新型的物流金融业态。

# 第 2 节　案例分析

## 案例一　沃尔玛冷链物流

### 1. 项目简介

在 IBM 的帮助下，沃尔玛成功进行了食品溯源的区块链试验。沃尔玛原有的监控技术虽然成熟，但是无法实现供应链上的数据追溯。而区块链的时间戳功能可以很好地用于追溯数据记录，在应用了区块链技术后，沃尔玛只要 6 秒钟就能完成之前要花费几个星期才能完成的精确查询。

### 2. 区块链技术

区块链技术应用在冷链物流上就解决了数据的真实性问题，尤其是影响产品品质的温湿度数据，只要存在区块链上，就不得修改。由于有了真实数据，能够降低合作伙伴之间的协同成本。

自2017年开始，沃尔玛申请了多项有关区块链技术的专利，这表明沃尔玛正在积极拥抱数字技术。根据IPRdaily最新发布的2018年全球区块链专利企业排行榜显示，沃尔玛以21项专利申请位列第34位，其中公开的专利中有多项与物流相关。

### 导购系统和供应商付款共享系统

这两项专利希望将区块链技术应用到旗下购物网络里，覆盖所有运营商、供应商和客户，实现收集、分配以及支付供应商和运营商之间的付款。不仅如此，该网络还允许参与者之间进行点对点购物和导购服务，并包含信誉及评价系统。

### 解决身份验证问题

这项专利表示，沃尔玛将通过区块链技术连接自动送货车，把客户的家设置为授权准入区域，这些自动送货车便可以进入"客户家中"这样的"受限区域"，完成包裹配送服务。这项技术预计能把送货时间缩短到1天，同时还能用于物流追踪和商品验证环节。

### 追踪包裹和储物柜使用情况

这项专利表示，沃尔玛送货储物柜系统是基于发货地址、收货地址和交通枢纽等地点来保证货物的去向的，其中应用到了区块链技术，使得可以更清晰准确地了解储物柜使用情况，每一个对接站都可以是区块链网络中的节点。该系统可以确保买家能够安全地签收货物。

### 机器人跨供应链配送

2017年8月30日，沃尔玛新申请的专利名为"自动化设备现场验证的系统、设备和方法"。该专利主要用于无人机和机器人等配送设备之间的现场身份验证，通过区块链技术，为跨供应链配送提供身份安全验证。

### 3. 总结讨论

从区块链技术上看，沃尔玛没有创新，所申请的专利多是和物联网以及智能设备管理有关，区块链的技术方案采用的是 IBM 的 Hyperledger Fabric。从业务上看，区块链只能实现链上数据的不可篡改，但是在物流环节中，很多地方都是人工操作，甚至还是原始的纸质办公。因此，整个系统完全改造的难度比较大。客观来说，数据上链不是区块链技术能解决的问题，区块链如果要完全发挥其潜力，有赖于物联网技术的渗透，实现数据自动上传。

## 案例二：共赢链

### 1. 项目简介

共赢链是一家深圳的初创公司，致力于用区块链技术优化供应链金融。链单系统——核心企业应付账款（链单）线上转让及融资平台，具备支付、拆分、流转、回购和融资五大功能。链单是用区块链技术生成的电子付款凭证。系统连接核心企业、各级供应商、银行、保理公司。

具体来说，共赢链将核心企业的应付账款，即供应商的应收账款债权数据化、电子化，发行成电子付款凭证，核心企业对该凭证做最终兑付，同时成立核心企业全资或者控股的保理公司接受该凭证融资行为。供应商签收电子凭证后，在凭证的额度和期限内，可以在系统内自助地进行随借随还的融资，还可按任意金额、期限拆分流转给次级供应商。保理公司在系统内审核完毕后，通过银企直连或者网银汇款的方式将资金打入供应商的预留账户。

## 2. 区块链技术

共赢链发行的凭证采用Stellar的恒星算法，共识机制基于联邦拜占庭容错。和Stellar相比，以太坊的智能合约是图灵完备的，用编程的方式可以实现各种需求，但Stellar在效率上具有明显的优势，如下表所示。

| | Ethereum | Stellar |
|---|---|---|
| 确认时间 | 约15分钟 | 3秒~5秒 |
| 平均交易费用 | 每笔2元 | 30万笔只要1元 |
| 每秒吞吐量 | 30笔 | 3000笔 |
| 共识机制 | 工作量证明 | SCP恒星共识协议 |

## 3. 通证经济模型（见下图）

核心企业可以促进公司业务发展，同时获得更高的收益，包括：

- 增加主营业务收入；
- 租赁公司租金利息收入；
- 保理公司的贴现利息和保理服务佣金。

该项目属于联盟链，经济模型相对简单。核心企业在联盟链中发行的链单，本质上是供应商的债权，通过将债权通证化，传递了自己的优质信用，在实际结算中，供应商可以将链单持有到期，也可以拆分结算自身的债务，还可以选择到保理公司抵押融资。与传统系统的区别在于，用区块链分布式账本记录的数据更真实可信，贸易真实性的核查成本降低，使链单在多级供应商间的流通成为可能。

### 4. 社区治理

联盟链中每个核心企业都类似链条的央行，围绕核心企业周围的是保理公司和各级供应商。因此，和传统的商业关系类似，并没有形成社区。

### 5. 总结讨论

联盟链的技术在现阶段相比公链要更为成熟，共赢链本质上是一个 BaaS 平台，技术上实现难度不大。在真正落地中，最关键的问题是上传数据的源头无法控制真伪，这并不是区块链能解决的问题，所以数据上传还需要物联网或可信第三方的公证。

## 案例三　家乐福加入 IBM Food Trust 食品供应链溯源计划

### 1. 项目简介

据 Coindesk 报道，IBM 正将其食品溯源区块链项目投入实际使用，在过去 18 个月的测试中，已经有 300 万笔交易在公共账本上进行了处理，IBM Food Trust 是第一个将区块链真正大规模用于实际生产的项目。

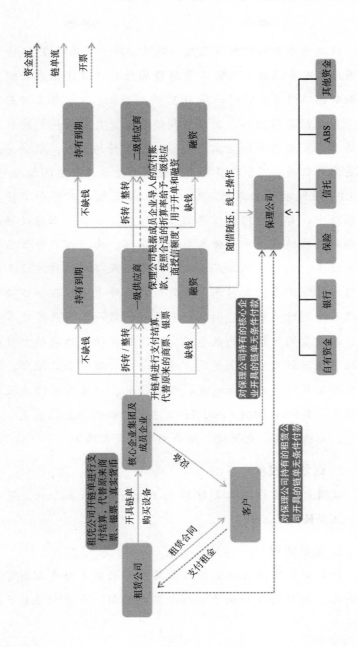

欧洲超市巨头家乐福已与该项目签约。家乐福在 33 个国家拥有 1.2 万家门店。这家零售商将溯源自己在法国、西班牙和巴西的品牌产品，并预计在 2022 年前逐渐在其他国家开始使用这一区块链溯源网络。为了保护消费者，并支持他们对产品质量的要求，超市连锁店需要能够追溯原料的来源，从供应链一直追溯到农场。家乐福多年来一直致力于食品可追溯性的研究，其 ERP 系统和供应商的 ERP 系统，以及纸质文件和审计员的数据库中，都有专门的信息组合。现在，该公司正通过将数据迁移到区块链系统中来使其更易于访问。由于信息分散在不同的系统中，从食品加工厂或经销商那里获得一批特定产品的详细信息可能需要两天时间，但是现在消费者希望在按下按钮或扫描二维码时就能进行浏览。家乐福的第一个应用是使其在家乐福品质系列下销售的散养鸡实现现代化的可追溯性。目标是跟踪农场和超市货架上的鸡，通过给每只鸡一个二维码，顾客可以扫描获得它的饲养地点、喂食情况，以及何时何地被屠宰的信息。其他与 IBM Food Trust 签约的公司还包括雀巢、多尔食品、泰森食品、克罗格、联合利华、沃尔玛等。

## 2. 区块链技术

该项目底层的技术是 IBM 的 Hyperledger Fabric，架构仍属于联盟链。

## 3. 总结讨论

食品杂货制造商协会估计食品欺诈的成本每年超过了 100 亿美元，包括伪造和出于利益动机的掺假，在当时 2.1 万亿美元的产业中，这是相当可观的。IBM Food Trust 启动后，食品行业供应链中的大型企业以及中小型企业现在可以按每月100 ～ 10 000 美元的订阅费加入到食品溯源区块链网络中。我们仍然要意识到它是一个联盟链，去中心化程度有限，整个分布式账本的可信度仍高度依赖于 IBM 本身的信用和联盟节点的可信程度。

# 第 3 节  发展前景

区块链和物流有天然的契合性，具体应用主要体现在两方面。

一方面是应用分布式账本不可篡改的特性，在供应链管理和货物溯源上使用区块链来跟踪货物流动。在这方面，沃尔玛、京东、阿里等巨头都有不同程度的试水，通常做法是给货物一个数字身份，通过智能终端和人工记录来追溯货物的流动，提高管理效率，增强多方互信。

另一方面是以真实数据为基础，减少贸易真实性核查成本，简化尽调流程，还可以提供衍生的物流金融的服务，类似传统的保理融资，但比传统的保理融资更进一步，用通证或债权作为供应链体系内的"商圈货币"，从而提高结算效率和营运效率，减少资金发生和相应的财务成本。

　　但是我们应该看到，即使是商圈中的核心企业，其还是无法和央行以及法币的稳定性相提并论。

　　然而，现在的物流行业还处于早期阶段，信息化程度较低，很多环节仍然依靠原始纸笔记录。区块链能够发挥作用的是对链上数据的真实性和可追溯性实现技术背书，然而对于数据上链的工作区块链无能为力。理论上说，如果源头数据不可靠，那衍生的物流金融服务就是空中楼阁。所以未来区块链技术的应用有赖于物联网技术的发展和普及，只有逐渐地让机器信息化、智能化，实现数据自动上链，才能真正实现区块链描绘的蓝图。

　　大企业都想建立以自己为核心的联盟链或私有链。然而，和公链相比，联盟链的去中心化程度并不太高，因此，数据的真实可靠性也就打了折扣。企业青睐联盟链或私有链的根源在于目前的公链并不成熟，不能支撑高通量的 TPS，而且隐私计算的发展也不够成熟，对敏感数据的保护也不够。

# 区块链 + 公益

BLOCKCHAIN +

# 第 1 节　现状

## 一、公益的定义

公益从字面的意思来看是为了公众的利益，它的实质应该说是社会财富的再次分配。公益活动是指一定的组织或个人向社会捐赠财物、时间、精力和知识等的过程，包括社区服务、环境保护、知识传播、公共福利、帮助他人、社会援助、社会治安、紧急援助、青年服务、慈善、社团活动、专业服务、文化艺术活动和国际合作等。

《中华人民共和国公益事业捐赠法》所称公益事业是指非营利的下列事项：

（一）救助灾害、救济贫困、扶助残疾人等困难的社会群体和个人的活动；

（二）教育、科学、文化、卫生、体育事业；

（三）环境保护、社会公共设施建设；

（四）促进社会发展和进步的其他社会公共和福利事业。

## 二、公益行业面临的问题

近些年来，我国在公益慈善事业上取得了诸多成效，同时也伴随着新的问题和挑战。主要体现在以下几个方面：

（1）信息审核不够严格，难以甄别真实有效的个人信息和捐赠项目。

（2）善款的募集和使用过程不够公开透明。募集了多少钱，花了多少钱，怎么花的？这些问题不够公开，中间机构甚至存在挪用资金的情况。

（3）层级较多，整个系统运行效率较低。

## 三、区块链 + 公益的应用机会

公益慈善是社会保障制度的重要补充。早在区块链出现之前，"互联网 + 公益"就有了很多有益的探索。区块链基于一种新的网络结构，给互联网公益提供了一些新的可能性。区块链被誉为"信任的机器"，终极目标就是通过技术解决公益慈善行业信任缺失的问题。

### 1. 区块链技术与公益的结合

**增加了信息的可信度**

区块链作为不可篡改的分布式账本，可大大增强信息的可信度。上链信息的不可篡改已是共识，但信息上链不是单独的区块链可以解决的问题，需要配合物联网和其他增信措施。比如在福利彩票领域，区块链技术的运用可以让开奖的信息过程更加公开透明，无法作弊。

**增加了信息的追溯功能**

区块链可追溯的特性可以用于公益事业的善款追踪上，让捐赠者清晰地看到资金的流向和发挥的作用，如果存在上链信息造假，也可以通过回溯的功能实现日后的追责和举证。

**智能合约减少了人为操作风险**

在传统世界中，通常采用第三方监督的方法来保障公证，但是却降低了执行的效率。比如把公益善款先打到中心机构账户，再由机构对善款进行操作和处理，这种多层级的架构管理降低了整个系统的运行效率。

### 2. 通证经济和公益的结合

在公益事业的某些场景中需要广泛动用社会分散资源，比如寻人。区块链是一种大规模的协作工具，通过用通证来激励用户，可以更大范围地调动可用资源，群策群力，完成任务。另外，通证作为系统内部的"商圈货币"，它的采用也提高了清结算的效率，缩短了周期。

# 第2节 案例分析

## 案例一 轻松筹 – 阳光公益联盟链

### 1. 项目简介

　　轻松筹是一个主打"社交众筹"和"轻众筹"概念的众筹平台，由腾讯投资。阳光公益联盟链（简称阳光链）是蚂蚁金服开发的，可以让任何人，在任何时间、任何地点，轻松地发起关于任何内容的众筹。该项目曾上线农产品众筹、梦想众筹以及公益众筹等板块，现聚焦在公众健康保障领域，应用包括大病互助和善款追踪，前者是水滴互助类的保险，后者利用了区块链可追溯、不可篡改的特性。目前蚂蚁金服的第一个区块链项目已落地，名为"听障儿童重获新声"公益善款追踪项目。

## 2. 技术模型

技术底层以联盟链 Fabric 为主，同时借鉴了以太坊和 EOS 的底层技术，并无太多创新。

## 3. 通证经济模型

因为是联盟链，而且合作的对象是基金会、保险公司，受银监会和民政部门的监管，现在的阳光链还没有发行通证，自然也就不存在通证经济。

## 4. 社区治理机制

阳光链的社区治理机制借鉴了 EOS 的超级节点投票机制，目前的超级节点主要包括保险公司、基金会、轻松易宝和轻松公益等。机构之间互相平衡制约，利用区块链全网广播的通信机制，一旦发现错误马上修改，数据以加密和授权账号的方式保存和查阅，难以被篡改。

## 5. 总结讨论

在公益领域，轻松筹在区块链方向的探索是比较靠前的，目前已经和华泰、中再等保险机构，以及众多基金会达成合作，有一定的行业地位和资源。从赋能传统行业的角度看，虽然没有做到完全的去中心化，但是打通了行业壁垒，允许信息在不同机构之间流通。而且，通过多方协作和及时配合，提高了业务效率，减少了潜在的纠纷。其实，从提高业务角度看，有通证会更容易实现清结算，而且更有利于建设整个生态，当然这就面临法律上是否合规的问题。

## 案例二 公益寻人链

### 1. 项目简介

腾讯使用区块链技术打破信息壁垒，连通公安部数据中心和各大寻人平台的数据，搭建起公益寻人链。一方面，使用公益寻人链的公益慈善机构可以完成数据的分享；另一方面，各个寻人机构依然能够保持各自独立的筛选机制和自主性。区块链技术的引入，使各个机构更高效地进行合作。

以前的寻人启事需要逐个发布在多家平台，费时费力。在公益寻人链发布后，只需一个平台发布寻人信息，就会自动同步到其他平台上，提高了效率。通过区块链技术，公益寻人链相当于汇编了一个寻人信息的分布式数据库，将多种寻人信息发布渠道有效地联合起来，打破原来的信息孤岛，实现了信息数据的共有共享。

公益寻人链解决的另一个问题是：当人被找到时，各大平台往往没有及时互通，造成了社会资源的浪费。从这个方面看，公益寻人链也间接提高了整体的寻人效率。

### 2. 总结讨论

从技术上来说，公益寻人链也是联盟链，存在中心节点，虽然比传统技术有所升级，但是意义并不大，更类似于一个企业间的 SaaS 系统。笔者并非一味地强调去中心化，而且在很多场景下中心化方式可能更好，但去中心化的意义在于：一是减少不必要的中介，减少成本，提高效率；二是增加信息的可信度。在寻人领域，收益没那么高，成本也不会太低，那是否还需要昂贵的分布式账本呢？

现在区块链领域缺少拳头项目，就是因为使用区块链虽然比不用区块链好一些，但如果不是好很多倍就不会有很多人去用。改变原有的基础设施、改变用户的习惯都是需要巨大的利益动机的。

## 案例三　Winchain

### 1. 项目简介

Winchain 是莫桑比克用区块链技术搭建的福利彩票系统，采用公链＋联盟链的形式，以及 Telegram 群组售彩的模式，每个人都可以开设群组并发售彩票，群主获得 7% ~ 12% 的渠道费用作为奖励。

### 2. 技术模型

Winchain 技术上采用双链模式——公链＋联盟链，公链采用 Stellar 做底层链，而联盟链则自己开发。整个系统中主要是用到数据公开透明、不可篡改的特性。

值得一提的是基于 Winchain 的销售数据区块链存证，它具有两个革新：

#### 去中心化的存证系统

传统存证通过每日存储销售数据并刻录光盘（由各部门公证人员将数据拷贝到光盘，再将光盘分别备份到公证处、地区售彩中心和主管部门），避免彩票机构内部人员利用职权修改数据库，或外部人员通过系统漏洞进行恶意操作。这种方式效率低，耗费大量人力资源，而且只是将风险由彩票机构转移到公证机构，很难达到完全受信任的目的，不时出现的相关案例也说明了这种做法的不可靠。

Winchain 的销售数据区块链存证系统，建立了多方联合记账的去中心化账本体系，不再需要人工进行烦琐的存证工作，同时避免了存证过程中可能发生的人为风险和系统风险。公开透明的去中心化存证方式，更好地保障存证过程的安全性和绝对可信度。

**开奖绝对随机数生成**

绝对随机数一直是技术领域一个非常有意思的问题，业界提供了非常多的伪随机数的方案，这些方案因为都是基于中心化的，理论上可以通过多种方式攻破或修改，尤其各种在线彩票体系，基于的随机数的安全性和可靠性一直被彩民所怀疑。

区块链的出现提供了一个新的思路。去中心化的底层网络是通过分布式记账的方式保证整个网络运营的，而当这个网络达到一定规模后，整个网络因为记账节点的增多，将建立起非常稳固的安全性。多方记账节点的存在保证了网络的公正性，除非能绝对控制算力才可能危及网络。Winchain 开发了一套独有的基于比特币网络的随机数生成方式，这种方式基于比特币网络的健壮性和去中心化，根据未来一段时间内挖掘的比特币区块的哈希值进行不同的透明算法计算，从而得到基于比特币网络的绝对随机数，以此向各种彩票游戏提供绝对的随机因子，通过随机因子得到各种彩票需要的透明随机数，保证开奖的绝对公平性和透明性。

针对传统彩票，如体育彩票，需要根据比赛结果来判定兑奖结果，如世界杯的竞技足彩，智能合约需要获得比赛结果才能执行合约内容，自动地处理各项工作。这就需要预言机的存在。预言机是现实世界与虚拟世界的连接者，提供数据上链，保证智能合约的正常运行。而单一的预言机存在来源数据不可信的可能性，作为彩票行业的区块链解决方案，为了保证结果的正确性和可靠性，Winchain 提出一种多点态势下的去中心化预言机机制。预言机的来源数据将来自多个可信节点，同时通过代币奖励机制由 Winchain 网络上的用户选取志愿者参与判定，而当多个可信节点的结果出现不同时，区块链网络上的参与者将进行结果多方验证，通过"多点数据 + 多点验证"的方式，保证预言机数据的安全性和可靠性。

### 3. 通证经济模型

作为面向全球彩票市场的区块链底层系统，其通证总量为 210 亿枚，其中可对外兑换的额度为 105 亿枚（占比 50%），另外 10% 作为团队奖励，20% 为市场推广和战略合作预留，10% 将用于社区建设，10% 将用于开发者生态。

莫桑比克官方区块链彩票平台以 Lucky 作为彩票销售通证，并联合保障销售及奖金兑换的公开透明。

Lucky 基于联盟链网络，由各国政府机构和相关部门组织发行，用户在需要使用时通过相关交易场景直接购买即可。数字资产严格按存储资产 1∶1 的比例在以太坊上发行。发行的数字资产继承了以太坊网络的特点，可以在 P2P、匿名、安全、去中心化的环境中自由交易。同时 Lucky 提供有价资产与数字资产的 1：1 兑付服务，保证发行的数字货币的价值。参考中国香港联系汇率制度，以美元作为准备金，严格按照准备金的数量在以太坊网络上按 1：1 的比例发行加密数字货币 Lucky。即每增加 1 美元的准备金才允许在区块链中发行 1 个 Lucky，实际上这类似稳定币 USDT 的发行机制。

用户也可以按同样的比例通过 Lucky 的兑付网关兑回美元，回收的 Lucky 将会被销毁，使得 Lucky 的价格始终与美元的价格保持 1：1。

Lucky 的特点：无须任何中介机构，由各国政府和相关部门进行联合审计和资金监管，公信力强，定期审计，信息公开透明。

公链使用的代币是 Win，它的升值依赖于定期回购。公链用于登记联盟链的节点，记录权益。

### 4. 治理结构

采用公链 + 联盟链的模式。公链节点分为三种：一种为永恒节点；一种为半永恒节点（半永恒节点在不卖出 20% 的情况下不会发生改变）；最后一种为选举节点，需要用户使用 Win 币投票选出。

联盟链代币为 Lucky（稳定货币，锚定美金或人民币），国家级的彩票系统将基于联盟链进行建设，国家可直接监控 Lucky 币总量。公链作为记账人选举机制的依托，其开放特性可让更多的人参与联盟链的节点登记和记账，并给予一定的回报；Winchain 基于联盟链开发完整的去中心化彩票底层业务平台，支撑各国的彩票发行业务、相关技术和周边生态，从而完美地实现权益去中心化、记账去中心化、交易去中心化，并在交易效率和手续费方面达到最优，支持瞬时、极低手续费的链上资产流转。

## 5. 总结讨论

团队采取公链＋联盟链架构的原因在于，公链去中心化但效率低，联盟链效率高但不够去中心化，两者结合，公链只发挥存证和登记的功能，而联盟链实现交易等更细节的商业逻辑。

很多项目都尝试做双链设计，但进展都不顺利。双币设计解决了一个痛点，即作为流通媒介的通证不应该升值。Win 币类似于象征股份或权益的代币，记录权益，起到登记和存证的作用，而实际流通的是锚定美元的 Lucky 币。理论上这种模式更加符合逻辑，但是实际效果现在还没能看到，需要继续观察。

# 第 3 节　发展前景

　　区块链和公益的结合仍处于早期探索阶段，目前来看，在善款追踪上，区块链无能为力，因为涉及与链下真实世界的交互，而区块链只能保证链上数据不可篡改。善款追踪一定会涉及数据人工上链，这不是技术能解决的事情。

　　在福利彩票这个领域，区块链的技术属性契合度高很多。彩票行业的用户痛点是不公开透明，返奖率低，区块链不光可以解决这些问题，而且可以衍生出更多的玩法。另外，彩票的业务逻辑相对容易实现，即使在区块链的早期，目标也不难达到。

　　但是，区块链的落地仍面临很多问题，具体包括以下几点：

### 1. 监管不允许

区块链强调去中心化的平权，让社区自治取代中心化的治理，将社区的收益通过通证的形式回馈给用户，但是这伤害了现有巨头的利益，也给监管带来了难度。如果是完全匿名的网络，就难以实施有效的监管，尤其是在涉及钱的领域，没有监管，行业也很难通过自律来健康发展。

### 2. 币值波动

与国内不同，不少国外的项目是有代币的。但是，作为流通和结算媒介的通证，在二级市场的价格却剧烈地波动，这本身就不符合商业逻辑。没有一个稳定的价格体系，用户就没有稳定的预期。如果是有升值预期，用户就会惜售，减少经济体的贸易量；如果有贬值预期，用户就会迅速兑现服务和权益，造成贸易的萎缩和币值的螺旋下跌。简而言之，只有币值稳定，才会有长久的流通和使用场景。

### 3. 信息上链的真实

这是所有项目的通病。因为现在区块链只能保证信息上链后的真实，却无法保证上链前的真实可靠。将信息上链和交易入账类比就会发现，真实世界发生的交易和会计符号所体现出来的交易往往不一致。拿回扣、虚开发票等事情早已屡见不鲜，如果交易入账千百年来都是无法保证真实的，那么交易上链又有什么意义呢？

当然，如果换个角度想，原来的账本是可以被篡改的，而区块链的账本是不可篡改的，这已经是一个巨大的进步了。

### 4. 缺乏法律支持

区块链是新事物，通证也是。通证的具体应用依赖于更完善的智能合约，更细化的商业场景，尤其是在早期起步阶段，它的界限还需要我们去探索。

对待通证我们需要有耐心，等待真正有价值的应用出现。

区块链是一个全球化的浪潮，监管也可能出现竞赛，谁都不愿意在新一轮的技术大潮中落下脚步，如今中国的监管产业基金百花齐放，区块链科技园区鳞次栉比，相信随着技术的完善和使用场景的细化，政策也会逐渐放宽，区块链的落地应用将更加多样化。

# 区块链 + 数字营销

BLOCKCHAIN +

# 第 1 节　现状

## 一、数字营销的定义与分类

### 1. 数字营销的定义

数字营销是基于确定的数据库对象，通过先进的计算机技术和网络交互媒体来高效拓展新市场的新型营销方式。通过数字营销，营销的效果可量化、数据化，还能可视化。数字营销并不完全是个新事物，从某种程度看，它只是给原来相同的受众提供了新的数字形式的沟通方式而已。经过约 20 年的发展，现在的数字营销已经能够涉及绝大多数的传统营销领域，包括目标营销、直接营销、分散营销、客户导向营销、双向互动营销等。

### 2. 数字营销的意义

21 世纪将是数字经济的时代，传统企业要想实现数字化的发展和升级，通常需要在管理、制造和营销三个维度上花费精力。数字营销是对原有营销思想和模式的一个重大变革，它不仅仅是一种技术革命，更是观念上的革命。在数字经济时代，数字营销是营销升级的基本趋势，其功能主要有信息交换、网上购买、网上出版、电子货币、网上广告、企业公关等。

### 3. 数字营销的理论基础

数字营销的背后蕴含了基本的财务管理法则——杜邦分析法。

根据杜邦分解式，净资产收益率可以拆分成三个部分：销售净利率、资产周转率和权益乘数。数字营销一方面扩大了市场销量，从而直接提高了利润效益，增加了企业的销售净利率；另一方面，通过发挥其特有的信息反馈机制，降低了库存和损耗水平，加速了流动资产的周转，从而增加了企业的资产周转率。二者形成共振，进而提高了企业的净资产收益率。

## 二、数字营销行业现状

### 1. 数字营销行业发展现状

美国 IAB 发布的互联网营销报告指出，仅在 2017 年上半年，美国的在线广告市场已达到 2800 亿元人民币，全球互联网广告市场超过 1 万亿元人民币。Statista 在 2018 年发布的全球数字营销花销预测指出，从 2019 年开始，全球互联网广告市场将超过 2 万亿元人民币。

## 2. 数字营销领域目前存在的问题

从技术和市场规模来看，尽管数字营销快速发展，但是它所采用的衡量方式和效果却仍旧停留在 10 年前的水平。广告主期望通过分析用户行为来衡量数字营销的转化率，通过追踪从媒体曝光到最后实现购买的全过程来衡量所投放媒体的转化率，进而及时调整宣传方案，比如重新制作宣传广告，或者选择在转化率高的媒体增加投放等。然而在现在的互联网络上，单一消费者的行为数据并非完整地存放于一个数据库中，而是被各个应用割裂，分散存储于不同的应用之中，导致数据形成孤岛，无法互通，从而也就无法对用户行为进行全面和完整的分析。哪里有需求哪里就有供给，针对数据的跨界融合的尝试也应运而生。然而新的尝试也带来了新的问题，具体如下：

### 数据隐私遭到侵犯，奖励不公平

目前数据被中心化的机构集中控制，在数据市场上数据的拥有者通过出售数据获取巨大收入，但是数据的来源和定价不是十分公开透明，这在很大程度上侵害了数据所有人的隐私。用户在不知情的情况下，数据被卖给各个企业，造成了隐私的泄露。另一方面，数据售卖取得的巨大收入也没有给到数据的所有人，从这点来说也造成了巨大的不公平。

### 配套法律法规不完善

缺乏合法完整的数据市场，因此，数据来源很多是非法的。当然，这也是因为关于数据所有权的法律界定仍有争论。一方面认为，数据在平台产生的理应归于平台；另一方面认为，数据是由于用户在网络上的行为所产生的，理应归于用户。法律上的问题正在厘清，2018 年 5 月，欧盟出台了《通用数据保护条例》（General Data Protection Regulation，GPDR），明确了用户作为数据主体对个人数据的权利。日本、韩国等国家也有相应的动作，制定了相关的法律法规保护本国的用户数据主权。

**数据市场缺失导致广告费用上涨**

由于缺少数据市场，目前的数据实际控制权掌握在少数的数据经纪人手中，这就造成了广告费用的增加，增加了中小型公司的运营成本，它们很难获取低价的高质量数据。

没有成熟的市场，也就没有细致全面的分类，数据买家高价买来的数据往往只是粗放的数据类别，比如性别、住址和联系方式等基本信息，数据的信息价值仍需进一步提炼。

## 三、区块链＋数字营销的应用机会

### 1. 区块链技术与数字营销的结合

区块链是一个点对点的去中心化网络，而数字营销本身就蕴含了分散营销和直接营销等营销方式，二者存在较高的契合度。去中心化的技术属性可以结合数字营销的特性，去掉行业中的中介；区块链的加密技术可以用于数据加密，防止隐私泄露，保护用户的数据主权；分布式账本技术可以公开透明地记录内容资产和参与指标的属性，并且不能被非法篡改。

### 2. 区块链通证经济与数字营销的结合

通证经济对数字营销的提升主要体现在去中心化的价值重新分配上。互联网用户的行为数据对后端的生产和销售有巨大的意义，同时，用户的点评、分享等行为也完善了电商类企业的价值链。然而在价值分配上，用户并没有获得合适的补偿。通证经济在这其中的作用，相当于给用户行为提供更细致的价值尺度，并针对行为本身和行为数据产生交易。用区块链打造一个数据交易市场，是通证经济在数字营销领域的延伸。一是可以让价值分配更加公平，避免用户数据被无偿或低廉地获得；二是让数据市场更公开透明，厘清了数据和平台的关系，避免了潜在的法律风险；三是可以实现全球跨国界的协同作业，因为激励用户的是通兑的数字货币，所以可以扩大基础受众群体。

# 第 2 节　案例分析

## 案例一　BAT

### 1. 项目简介

Basic Attention Token（以下简称 BAT），是数字营销领域热度最高的项目，项目的创始人是 JavaScript 之父、火狐浏览器的联合创始人 Brendan Eich。BAT 旨在重整破碎的数字广告市场，基于 Brave 浏览器开展去中心化的数字广告业务，通过运用零知识证明保护用户隐私，同时可以使用户的注意力得到回报。

在生态系统中，广告客户将根据用户的关注度为广告发布商支付 BAT 通证。参与的用户也会收到 BAT 通证作为奖励。这个透明系统在提供少量且相关性更高的广告的同时，保护了用户数据的隐私。广告发布商能在提高其奖励比重的同时，降低被欺诈的概率。而广告客户也可以获得更好的报告和效果。

## 2. 技术生态

值得一提的是 BAT 有自己的浏览器——Brave。Brave 是一个快速、开源且保护隐私的浏览器，可以阻止侵入式广告和跟踪器，并包含一个分布式账本系统，该系统可以匿名地衡量用户关注度，并以此为基准奖励广告发布商。Brave 可以保护设备上的数据，并在客户端加密后在不同设备之间同步个人私有的浏览器配置。Brave 通过机器学习算法对设备上的数据进行研究和抽象，并提供隐私和匿名选项，为用户的关注度提供补偿。Brave 浏览器去除了所有第三方追踪者和中间人，消除了数据泄露、恶意软件风险，以及过度收费。同时 Brave 浏览器可以为发布商提供比现有市场更多的收入份额。因此，Brave 浏览器旨在重新设计基于在线广告的生态系统，为广告客户、发布商和客户提供一个双赢解决方案，其组件和协议可以成为未来的 Web 标准。⊖

BAT 中的交易将通过 Brave 分布式账本系统进行，该系统使用了开源零知识证明方案，以允许 Brave 用户使用比特币作为交换媒介向发布商发出匿名捐款。Brave 的分布式账本系统使用 AMONIZE 算法来保护用户隐私。BAT 的发布商客户端已经开发，用于测量用户的注意力，并使用自有的"凹奖励机制"衡量行为价值，然后记录在分布式账本系统中，最后支付等值

---

⊖ 源于 BAT 白皮书。

的 BAT 通证。后端部署 BAT 所需的大部分基础设施目前正在编码完成，并且基于用户的注意力进行分发捐赠。

BAT 系统可能会借鉴彩票系统，其中小额付款是概率性的，支付基本上以与硬币挖矿工作相同的方式进行，共识机制是 Proof of Attention 而非工作量证明，BOLT、零知识 SNARK 或 STARK 算法可能成为此栈的一部分，用于保护参与者的隐私。状态通道允许具有强匿名保证的多样化的小交易，而如 Zcash 和 Monero 等区块链技术则通过快速增长的功能组合来提供更强的隐私保护。

BAT 系统的使用缓解了广告客户和发布商对于用户隐私的担忧，因为浏览器客户的隐私至关重要，而发布商和广告客户的隐私权较少。在完全开放的 BAT 分布式系统中，交易几乎总是一对多或者多对一的，因此这种安排可能会提出新的零知识交易。随着 Brave 演变成完全分布式的微支付系统，其他开发人员将可以使用 BAT 的开源基础架构开发自己的 BAT 应用场景。

### 3. 通证经济分析

在 BAT 生态中，整个广告发布流程将使用 BAT 分布式账本系统来支付。在 BAT 的经济系统中，用户有机会获得经济补偿，这将促使他们成为广告经济中重要的主动参与者，而不是像现在这样被视为被动参与者。

同时通证可以捐献给个人内容提供者和自媒体平台，而且会衍生出更多的应用场景。比如，很多小的企业或者个人也可以很容易地发布非常精准的营销广告，而在传统领域中，精准营销的门槛要高得多。通过智能合约，BAT 系统可以覆盖传统企业中无法被满足的长尾需求，比如针对宗教或亚文化人士的个人广告。

在传统经济中，一些优质内容提供商通常只向订阅者提供内容，而订阅模式通常难以满足互联网用户。区块链可以细分服务的颗粒度，这可能会为优质内容提供商带来新的收入。用户甚至可以使用通证为朋友购买内容，将优质内容作为礼物送给朋友们。

系统也可以设定更多的模式，比如更高质量的内容只能通过 BAT 的通证购买。如果希望浏览新闻或其他信息来源中的视频或音频内容，则必须使用 BAT 系统进行小额付款。

评论可能会使用 BAT 代币进行排名或投票，类似于某些评论部分的"点赞 / 不推荐"。BAT 系统的评论会有更高的可信度，因为这说明有人真的关心，才会使用有效供应的通证来投票。为了保证评论的内容质量，也可以通过设定最低限度的 BAT 付款来加以保证。

最终，BAT 可以在 Brave 的生态系统中购买数字商品，如高分辨率照片、数据服务或一次性的发布程序，还有一些偶尔使用的有意思的数据集和工具。例如，Pro Publica、Citizen Audit 和 Gartner 等公司包含有意思的公共数据和优质内容，但是许多人认为订阅费用太高，不想花高昂订阅费或者不希望订阅全部内容的用户就可以用 BAT 只购买感兴趣的内容。BAT 还可用于发行游戏。虽然这些应用程序目前不受出版商的欢迎，但许多平台提供商已经托管了有盈利潜力的游戏程序，它可以和内容结合，共同创造一个开发者经济。

新闻提供者可以提供定制新闻预警，以便在生态系统内小额支付 BAT。这些新闻预警对于关注当前事件、财务新闻或某些预期事件的个人来说可能是非常有价值的。

### 4. 优缺点分析

该项目的优点是有一个自己的浏览器——Brave。一方面是因为创始人之前是火狐浏览器的联合创始人，有浏览器开发的经验；另一方面是因为浏览器对于数据分析和收集的重要性不言而喻。谷歌的 Chrome 就是最好的明证，谷歌的大数据业务的基石便是 Chrome 浏览器。

但要强迫用户使用 Brave 浏览器也是这个项目的软肋。浏览器的竞争已经非常饱和，别人为什么要用 Brave 浏览器呢？改变用户的习惯是需要很长时间的，通证的激励对用户来说既有门槛，又无足轻重。

关于其提到的解决广告欺诈的问题也值得推敲。事实上，区块链本身并不能解决广告欺诈的问题，它也识别不了机器或者人为产生的恶意刷量。要解决这个问题，只有依靠未来更先进的人工智能，对点击行为进行更深入的分析才行。

## 案例二 Airbloc

### 1. 项目简介

Airbloc 是一个完全分散的数据交换区块链平台，用于解决当前个人数据和数据管理市场中面临的诸多问题。Airbloc 客户端收集该生态系统中处理的数据以改善广告定位，广告商则能够从 Airbloc 购买数据，数据销售的一部分收入将用于奖励用户。

## 2. 技术架构

Airbloc 有一个 DAuth 协议，DAuth 是一个审批系统，充当用户与 APP 之间的中介。它询问用户是否可以收集其数据，如果可以，又是否可以将其数据售卖给 APP。收集的数据包括安装的应用程序列表、位置数据、应用程序使用时间、浏览历史记录、应用程序商店交易历史记录等。通过 DAuth，用户将能够从数据售卖的过程中获利。智能合约保证奖励的分配。

技术上，其采用 ICON 作为底链，ICON 被称为"韩国版以太坊"，地位类似于中国的波场，区块链底层技术都是借鉴以太坊公链，并没有很多创新。<sup>⊖</sup>

## 3. 通证经济分析

Airbloc 的通证是 ABT。Airbloc 的母公司原来就是一家大数据分析公司，因此掌握了大量的线上数据。Airbloc 将数据作为一类交易资产，鼓励用户去交易，数据交易功能不涉及通证经济。

另一个功能模块 Data Campaign 似乎更有意思，其作用原理是：如果你想买家具，就在网络中发布一条讯息，网络中的家具广告商会检测到你的信息并给你定向精准地推送广告，然后以低于市场价的价格向你推销。这个网络减少了信息的不对称，可以让个人更容易发起个人广告，模式类似于趣头条的形式。

---

⊖ 源于《Airbloc 白皮书》。

### 4. 社区治理机制

Airbloc 不存在自治社区的治理问题，可以把其理解成一个个人数据的交易所。众多的数据买方是韩国的各大企业，比如韩国最大的电商网站之一 GSshop。

### 5. 优缺点分析

Airbloc 的优点在于在数据领域有沉淀，其 SDK 在 GSSHOP 等大公司运营了一年多，而且非常稳定。因此，数据有所沉淀，而且韩国非常重视数据隐私，在这样的环境下容易成功。与区块链的结合主要在于发挥通证经济的优势，解决数据市场合法交易的问题，并对用户交易数据给予一定的补偿。类似于趣头条已经被市场验证的个人广告模式，相对成熟。项目的不足是对于线下数据的把控相对较弱。

# 第 3 节　发展前景

区块链的点对点交易和通证经济契合了直接营销和分散营销方式。而在线上营销领域，应用智能合约做可编程经济相对别的领域更加简单，因为不涉及数据上链，也就不需要考虑上链数据真实性的问题。因此这可能是一个比较早的区块链应用落地场景。

区块链在数字营销领域主要解决的问题是价值重新分配。价值分配的问题一旦得到解决，就可以更好地收集数据并分析数据，得到更有益的洞见来指导源头的生产设计。用户通过交易个人数据盈利，同时，通证经济细化了整个经济流程的颗粒度，将更多的行为比如用户的浏览、转发、购买等和转化效果量化，满足了传统经济难以覆盖的长尾需求。

另外，区块链的加密技术保护用户隐私，这对于保护用户的数据主权非常重要。虽然现在大多互联网公司在用户开始使用 APP 时让用户阅读条款，且只有"同意"才可以继续使用，但这只是解决了法律意义上的用户隐私保护，很多用户是在不知情的情况下或者被迫出卖了自己的隐私，而加密技术可以给真正解决用户隐私提供一个更新、更彻底的技术方案。

但是，实际上区块链解决不了数据欺诈问题，这只能通过人工智能来实现。当然，能形成一个数据市场，其意义就足够重大了。

从 BAT 的通证经济来看，区块链和数字营销相结合的价值在于，提高了营销结果的可信度，满足了传统营销无法覆盖的长尾需求和小微定制化需求，提供了一个数据合理交易的市场。

# 区块链 + 电子政务

BLOCKCHAIN +

# 第 1 节　现状

## 一、电子政务的定义

电子政务是指政府用信息通信技术手段辅助公共管理。相比于传统的政务管理，电子政务的出现提高了管理效率，增强了政府工作的透明度，改进了政策决策的质量，提高了公共服务的质量，赢得了广泛的社会参与度，有助于建立政府之间、政府与社会之间、社区之间以及政府与公民之间的良好关系。

## 二、电子政务发展现状

### 1. 全球电子政务发展现状

联合国发布的《2018 联合国电子政务调查报告》显示，与 2016 年相比，电子政务发展水平进一步提高，成员国的电子政务发展指数

（EGDI）⊖平均值为 0.55，比 2016 年增长了 12%（见下表）。

### 2018 年全球电子政务指数排行榜

| 国家 | 地区 | 在线服务指数（OSI） | 人力资本指数（HCI） | 电信基础设施指数（TII） | 电子政务发展指数（EGDI） | 2016排名 | 2018排名 |
|---|---|---|---|---|---|---|---|
| 丹麦 | 欧洲 | 1.000 | 0.9472 | 0.7978 | 0.9150 | 9 | 1 |
| 澳大利亚 | 大洋洲 | 0.9722 | 1.000 | 0.7436 | 0.9053 | 2 | 2 |
| 韩国 | 亚洲 | 0.9792 | 0.8743 | 0.8496 | 0.9010 | 3 | 3 |
| 英国 | 欧洲 | 0.9792 | 0.9200 | 0.8004 | 0.8999 | 1 | 4 |
| 瑞典 | 欧洲 | 0.9444 | 0.9366 | 0.7835 | 0.8882 | 6 | 5 |
| 芬兰 | 欧洲 | 0.9653 | 0.9509 | 0.7284 | 0.8815 | 5 | 6 |
| 新加坡 | 亚洲 | 0.9861 | 0.8557 | 0.8019 | 0.8812 | 4 | 7 |
| 新西兰 | 大洋洲 | 0.9514 | 0.9450 | 0.7455 | 0.8806 | 8 | 8 |
| 法国 | 欧洲 | 0.9792 | 0.8598 | 0.7979 | 0.8790 | 10 | 9 |
| 日本 | 亚洲 | 0.9514 | 0.8428 | 0.8406 | 0.8783 | 11 | 10 |
| … | … | … | … | … | … | … | … |
| 中国 | 亚洲 | 0.8611 | 0.7088 | 0.4735 | 0.6811 | 63 | 65 |
| 世界平均 | | 0.5611 | 0.4155 | 0.4155 | 0.5491 | | |

来源：《2018 联合国电子政务调查报告》

从地区看，各地区之间电子政务发展水平差距较大，欧洲 0.77 名列第一，非洲 0.34 名列最后。

### 2. 我国电子政务发展现状

2018 年我国电子政务市场规模突破 3000 亿元。截至 2017 年年底，我国在线政务服务用户规模达到 4.85 亿，电子政务市场规模达到 2722 亿元，同比增长 16%。

---

⊖ 电子政务发展指数（EGDI）是用于衡量国家电子政务发展水平的综合指数，反映了各国政府利用信息通信技术提供公共服务的意愿与能力。

我国电子政务发展大抵经历了部门型建设阶段、整合阶段、平台化阶段和智能化阶段四个阶段，从前期的以机构建设为核心逐渐发展到以大数据决策假设为主的时代。

整个历程标志着信息化从单一机构应用到跨部门协同，再到数据驱动与科学决策的转变。

按照联合国发布的报告数据来看，2018 年我国电子政务发展指数为 0.68，全球排名第 65，处于中等偏上，仍然有较大的增长空间。从时间维度看，由于近几年政府一直在推行一站式改革，我国电子政务取得了较快的发展，尤其是政府服务的在线化程度较高。从方式看，我国电子政务逐渐从整合型向平台型转变。

2003 ~ 2018 年我国电子政务发展指数得分情况

| 年份 | 排名 | 电子政务发展指数（EDGI） | 在线服务指数（OSI） | 人力资本指数（HCI） | 电信基础设施指数（TII） |
|------|------|------|------|------|------|
| 2003 | 74 | 0.416 | 0.3319 | 0.8 | 0.116 |
| 2004 | 67 | 0.4356 | 0.4054 | 0.79 | 0.1113 |
| 2005 | 57 | 0.5078 | 0.5692 | 0.83 | 0.1241 |
| 2008 | 65 | 0.5017 | 0.5084 | 0.8366 | 0.16 |
| 2010 | 72 | 0.47 | 0.3683 | 0.8535 | 0.1913 |
| 2012 | 78 | 0.5359 | 0.5294 | 0.7745 | 0.3039 |
| 2014 | 70 | 0.545 | 0.6063 | 0.6734 | 0.3554 |
| 2016 | 63 | 0.6071 | 0.7681 | 0.686 | 0.3673 |
| 2018 | 65 | 0.6811 | 0.8611 | 0.7088 | 0.4735 |

### 3. 我国电子政务存在的问题

我国电子政务正在从部门型向平台型转变，需要建成跨省市、跨部门的多方协作的一站式平台。要建成一站式服务平台，我们还面临着以下诸多痛点：

（1）部门间数据不互通，数据形成孤岛

我国目前各级政府和部门之间的数据是孤立的，信息整合难度较大，无法为上级部门提供统一的数据，不利于制作整体的规划。

（2）信息成本高昂

各地区、各部门之间的数据独立保存，投入的软硬件成本较高。

（3）网络安全存在隐患

目前的电子政务系统安全系数不高，无法防止内部或者外部对数据进行篡改或偷盗。

（4）多方介入，效率低下

传统的电子政务系统需要金融机构、监管机构、中介机构等多部门人工介入协调完成，过程冗长复杂，效率低下。

（5）缺乏法律制度保障

我国电子政务发展较快，但目前针对网络安全的立法较少。电子政务的很多信息涉及国家机密、公民隐私，一旦泄露将造成难以估计的损失。

## 三、区块链＋电子政务的应用机会

### 1. 区块链技术与电子政务的结合

区块链与电子政务的结合在于，区块链提供一套公开透明、不可篡改的数据库来记录信息，并辅以相关的多层级权限管理和特定的加密技术来保障数据的协作和安全，进而减少多方沟通的成本，提升政务效率。区块链的非对称加密机制，有效地解决了用户隐私安全的问题。

## 2. 区块链通证经济与电子政务的结合

目前的区块链和电子政务相结合的场景使用的基本都是联盟链或者私有链，在这样的环境中基本没有通证的使用，因而也就不存在所谓的通证经济。在涉及数字 ID 的公链项目中，区块链主要是在确权的基础上，给数据所有者提供一个数据的交易市场。

# 第2节　案例分析

## 案例一　广州佛山禅城 IMI 数字身份平台

　　随着数字经济的发展，数字身份所扮演的虚拟世界与现实世界之间的"链接器"的角色越发重要，根据官方统计，全球约有 11 亿人处于黑户状态⊖，这类人口由于没有官方身份证明文件，很难享受基本教育和医疗服务。着眼于全球视角，各类企业和机构正在为帮助此类人群获得合法身份制定规划，如 ID2020 组织正在推广联合国 2030 年可持续发展目标（UN 2030 Sustainable Development Goal）计划。

　　数字身份形成的逻辑是将身份信息浓缩为数字代码，数字身份定义为运用网络以及相关设备

---

⊖　源于《世银报告》，http://www.sohu.com/a/199782288_123753。

等进行查询和识别的公共密钥。现在数字身份的运转方式是与公安部的身份证查询信息关联，同时辅以相关证件的第三方核验。伴随当前网络经济的高速发展，数字身份也变得越来越重要。然而，在如今的网络时代，数字身份的信息是分散存储的，例如大家的交易信息存储在支付宝中，社交信息存储在微信中，娱乐信息存储在各类游戏中。总而言之，人们不同维度的信息存储在不同的应用中，它们共同构成了个人数字身份。信息的维度越广，属性越全，个人数字身份也就越完整。数字身份还可以通过对新的信息的整合，全面地刻画用户画像。比如，政府颁发的身份证具有唯一编号，编号通常是一串数字和字母的排列，本身不具备信息，但把编号和个人照片、电话号码等信息进行关联，便可大大充实数字身份的内容。此外，个人身份内容还能添加方方面面的信息，比如阅读习惯、网上购物、运动健身、指纹信息、声纹信息等。

身份是社会关系的表现，标志着相关方之间的联系。整体而言，数字身份覆盖的范围广泛，从个人身份到公司主体，甚至资产也可具有数字身份。个人身份的属性帮助人们在网络中进行交易等行为，而公司主体或资产类的身份有助于与合作伙伴进行合作、交易、谈判等商业活动。受益于数字身份，信息可以更有效率地传递和分享，陌生人之间的合作更加便捷。

数字身份主要通过各个维度的个人信息来体现，但由于当前的个人信息碎片化、分散化的特点，它并不利于应用和管理。传统的身份管理模式是集中式的，在这种模式下，个人信息容易遭遇泄露和盗用等问题，由于身份信息时常需要在不同场景下产生变换，碎片化的状态使得数字身份的作用受到极大限制。在实际生活场景中，身份认证的方法是围绕证明"你是谁"展开的，如账号密码、证件卡片、指纹识别、面部特征等。数字身份的核心问题包括身份验证和操作授权两个环节。

　　佛山禅城是全国第一个使用区块链做政务应用的县区，2017年6月正式发布了IMI数字身份平台。2017年，由智链互联开发的IMI数字身份系统正式在禅城区启用。IMI数字身份系统以IDHub技术为核心，是基于区块链技术的去中心化数字身份应用平台。IMI应用区块链技术验证个人身份的有效性、真实性、唯一性，致力于让个人重新掌握自己的身份控制权，而非传统的由第三方中心化信息服务机构掌握，并建立用户自己主导的数字身份管理和应用平台，以及相应的安全可信的身份管理机制。前往政务大厅的办事群众通过IMI认证平台验证"我就是我"后，在移动终端完成基本信息的录入和表格的填写，并把申报材料提交到一站式系统，即可完成事项申办。

## 1. 区块链技术

　　IMI数字身份系统在架构设计中融入可信数字身份的自主性、隐私性、安全性、资产性四个重要维度，底层技术借鉴了以太坊的智能合约，身份组成架构采用的是MIT的可变声明架构，并融合了openPDS个人数据存储来解决数据存储和有效控制、安全性等问题（见下图）。

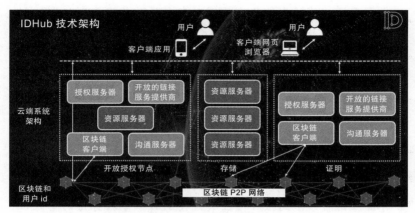

来源：《IDHub 创始人曲明：数字身份将是下一个万亿市场》

可以看到，底层是一个区块链的点对点网络，平台层主要实现身份管理和身份验证，其中身份管理包括创建、恢复和角色管理，身份验证包括公私钥检验、签名认证和授权等操作。

## 2. 区块链通证经济

该平台主要还是使用联盟链，因此并不存在通证经济。

## 3. 社区治理机制

如上所言，目前平台仍然采用联盟链，也就不存在社区治理。

## 4. 总结讨论

项目的亮点主要包括以下三方面：

（1）智链互联是目前国内为数不多专注于区块链数字身份的企业之一，对数字身份具有专业理解和独特观点，向公众及行业不断普及数字身份，成为中国区块链数字身份领域的先行者。

（2）通过多种区块链核心技术和可移植的身份管理机制，成功打通不同政府职能机构的数据壁垒，实现 IMI 在不同业务平台的接入。

（3）以 IDHub 技术为核心的 IMI 数字身份系统在佛山市禅城区正式启用，目前已为辖区内 130 多万居民提供公共服务。同时在社区矫正、公证等不同场景下，充分验证了 IDHub 的可用性和易用性，并逐步开展对养老、电力、金融服务、验真、光伏等多个应用场景的应用实践。

项目施行中遇到很多难点，主要包括以下几方面：

（1）市场对于数字身份处于十分早期的普及阶段，对于提升用户认知、改变用户应用习惯需要较长时间的引导。

（2）国内在区块链数字身份方面尚无成功案例，缺乏可借鉴的技术经验。一些大型互联网公司也会研发自身的数字身份系统，如何打破中心化的"数据壁垒"成为一大挑战。

（3）区块链底层基础设施的性能方面有待进一步提升。区块链数字身份的发展会随着基础设施、法律法规、相关标准的完善而发展，短期内出现爆发式增长的概率较低。

## 案例二　东港股份——北京市车辆号牌管理系统

### 1. 项目简介

上市公司东港股份和北京交管局车管所合作开发的号牌管理系统，用区块链做确权。东港股份与北京市车管所签订了《机动车临时号牌制作项目合同》和《机动车检字及封条制作项目合同》。公司将为车管所制作机动车临时号牌、机动车检字及封条，并基于上述内容为其提供 RFID 的号牌管理系统和利用区块链技术建立对临时牌照的应用管理，实现流程各节点实时查询、追溯、监督管理等职能，同时能满足未来机动车驾驶证等项目进行区块链管理的技术兼容。⊖

东港股份将区块链技术融入传统票证业务，在提供纸质产品的同时，为用户提供基于区块链技术的查询、追溯和监管等功能，为今后交管系统采用区块链技术进行了有益的探索。因此，利用区块链的分布式账本的属性来做存证，发挥了区块链公开透明、数据不可篡改以及可追溯的特性。

### 2. 区块链车牌系统优劣势分析

用区块链做确权目前是比较成熟的应用，主要是发挥了区块链作为不可篡改的分布式账本的功能。区块链带来了车管所的内部管理系统升级，防止系统在重大事件发生时遭到恶意篡改，以便追责。东港股份的区块链车牌系统对于探索区块链赋能传统行业做了有益尝试。

## 案例三　沃尔玛区块链电子发票

### 1. 项目简介

2018 年 11 月 8 日，全球零售巨头沃尔玛正式宣布金海路分店开放电子发票开具服务，这标志着区块链电子发票在大型

---

⊖ 源于《东港股份：关于与北京市公安局公安交通管理局车辆管理所签订机动车临时号牌制作项目、机动车检字及封条制作项目合同的公告》。

零售商超领域正式落地。区块链电子发票将企业、消费者和税务部门链接在一起，从领票、开票到报销、抵扣全流程监控，上链数据不可篡改，有效控制了假发票和发票虚开的风险，标志着发票管理真正进入了智能无纸化时代。

## 2. 区块链技术

沃尔玛电子发票用到的区块链技术，主要还是用区块链方便确权的属性来做存证，做到数据不可篡改以及可追踪，这里使用的技术模型仍然是 IBM 的 Fabric。但电子发票需要政府作为中心节点来监督管控，所以仍然是联盟链为主的结构，也就不存在区块链的通证经济和治理机制。

## 3. 总结讨论

区块链发票的热点已过，媒体宣传的点基本都在"交易即开票，开票即报销"上，然而这都是从用户角度出发，实际上和区块链技术并无关联。

从政府角度来看，使用区块链主要为了减少政府的监管负担。政府如果使用传统的中心化的解决方案，那势必要构建统一的发票数据中心，并配套庞大而复杂的系统，给地方和企业提供专业的接口，同时为了防止企业作弊，所有数据都要在这个中心进行核实对账。政府必须亲自管理这一整套系统，而开发也只能通过竞标和某一家巨头合作，不但建立和管理的成本巨大，而且出现问题需要中心系统负责任。在中心化的解决方案下，系统无法将监督和服务的职能分离，然而政府的主要职能应该是监督和指导，服务应该下放。只有采用区块链技术，才有可能将监督和管理分离。

在联盟链架构中，政府只是其中的一个节点，通常只需要保留监管相关的权限，其他的权利和责任则可下放给市场中的企业或个人节点。这样政府可以给自己减负，不用花费精力去管理庞杂的中心化系统，还可以节省开发和运营成本。政府只要制定好其中的共识规则和所需的特殊权限，就可以将整个系统的开发和服务下放给市场化的企业，并能维持系统的正常运转。

相比市场化的部门，政府部门做的项目通常成本更高，即使在发达国家，政府项目的成本往往也是民间同样项目的成本的两倍以上，降低成本、提高效率最简单有效的方法就是市场化，如果政府的一些服务职能可以下放给市场化的企业，通过市场竞争，服务质量和工作效率自然会提高。而区块链刚好可以解决政府管理所遇到的"一管就死，一放就乱"的难题，通过不同的权限管理，政府可以只管真正需要自己管的，而把实质的服务职能下放给效率更高的市场化企业，这不仅可以提高政府工作的透明度，还能提高服务质量和效率。总结来说，政府大力发展区块链，其真正的原因是为简政放权提供技术支持。在未来，区块链会逐渐渗透到政府管理中来。

# 案例四 "活跃公民"投票平台

## 1. 项目简介

俄罗斯的莫斯科在城市街区的投票应用了区块链技术。投票平台上的新应用Digital Home允许民众对公共事务进行电子投票，例如：如何更换大楼大门、聘请新的管理公司、新建体育馆座位的颜色、新地铁列车的名字等。该服务使用活跃公民（Active Citizen）平台，这是一个运行在私有链上的电子投票平台。"活跃公民"平台使用区块链技术来公开投票结果，不但能提高投票的效率，还能增强投票的公开透明性。"活跃公民"平台于2014年上线，现已拥有200多万用户。在此期间，该平台已经促成了3510个投票事件。一旦投票结果出来，它就会被列在一个分类账上，这个分类账包括所有在点对点网络上进行投票的结果。它将保证在投票结束后，数据不会丢失或改变，不会存在欺诈或者来自第三方的干预。

### 2. 区块链技术

底层技术借鉴了以太坊，但是架构上属于私有链，主要是用到区块链最基础的公开且不可篡改的账本特性。

### 3. 通证经济和治理机制

因为是私链，所以目前还没有通证经济和社区治理机制。

### 4. 总结讨论

密码学专家对区块链投票平台的批判不绝于耳，主要体现在以下三个方面：

第一，专家认为电子投票系统用到的区块链平台并不够安全。这有两方面原因，一方面是目前的区块链技术仍处于发展早期，另一方面是通过区块链系统进行投票也绕不开电子设备，这就带来了黑客入侵的风险，影响了保密性和公平性。

第二，专家认为基于区块链的电子投票系统没有必要。区块链技术在投票领域的优势是可以被替代的。区块链电子投票系统的反对者认为，纸质选票有不可替代的优势，而区块链技术在投票方面的优势可以被其他方式替代。

第三，基于区块链的电子投票系统成本高。区块链技术尚处于落地的初期阶段，如果区块链技术真的要颠覆传统投票，则需要很高的成本推动区块链技术的实质落地。

然而，笔者认为，安全性是由于目前的区块链技术仍处于早期，不完善、不成熟。而使用区块链做去中心化的投票系统，是大势所趋，因为区块链的机制设计上天然兼顾到平权，而民主投票的前提便是平权。但是让政府率先在这个领域普遍接受是很难的，只有成为普遍应用的场景，政府投票才会逐渐接受。事实上，在俄罗斯、韩国、日本、瑞士等国家都尝试过区块链投票，而且效果令人满意。

## 案例五　爱沙尼亚数字公民

爱沙尼亚地处东北欧，和芬兰隔海相望，曾是苏联盟国，在 1991 年独立出来。当时的爱沙尼亚封闭落后，唯一和外界的交流方式就是外交部的一部卫星海事电话。百废待兴之时，早期的爱沙尼亚政治家进行了大刀阔斧的改革。第一任总理马特·拉尔提出了"数字治理"的理念，决定把整个行政体系推倒重建，建立一个基于数字系统的新社会，一个基于数字技术的新政府。为了解决本国互联网基础设施差和信息技术人才稀缺的问题，第二任总统雷纳特·梅里提出了"虎跃计划"：为国内学校提供100%的互联网接入，为所有老师提供最基本的互联网和ICT的教育。仅仅在两年之内，爱沙尼亚所有学校已经全部连上互联网。70%的老师接受了初级和中级ICT和互联网基础教育，另外30%获得了高级的相关资质。在2012年又开始了一个更有意思的项目，叫作"编程小老虎"，旨在对所有五岁以上的儿童进行基础编程知识的扫盲。现在爱沙尼亚已经有了很好的技术人才基础，很多小的创业公司在爱沙尼亚涌现。

1999年，爱沙尼亚还提出了"数字爱沙尼亚"计划，旨在把整个国家的基础设施和公共服务从物理世界提升到数字空间。原因是爱沙尼亚人口只有130万，它希望能够通过这个项目，给所有人提供最基础的公共服务。上网权被爱沙尼亚定为基本公民权之一，所以在所有爱沙尼亚城市甚至乡镇，都可以获得免费且高速的WiFi接入。

"数字爱沙尼亚"包括三个支撑性项目：

一是X-Road，这是一个分布式公共数据库系统。它和其他所有的政务系统的最大区别是：没有集中式的数据平台。数据分布在各个公共部门和私营部门之间，然后通过高速互联网通路和网关系统，确保数据在国家内的充分共享。

二是数字ID项目。爱沙尼亚所有人都有一张数字身份证，它不仅仅是你身份的证明，更是你进入数字世界的钥匙，类似于账号密码来证明你的身份，以及享受各种数字世界的服务，和其他数字公民进行交流。

三是区块链系统。世界上最早提出区块链理念的是爱沙尼亚人，甚至早于中本聪，但是那时候还不叫区块链，而叫 KSI（无钥签名基础设施）。其理念——分布式的共识、非对称加密，和区块链的理念是非常一致的。现在爱沙尼亚的 KSI 区块链系统，已经在该国家的行政、司法、商业、医疗、交通体系中得到充分应用，甚至像美国国防部也在用爱沙尼亚的 KSI 区块链系统。

## 数字国家计划

但爱沙尼亚并不满足于这点成就，2014 年，他们又进入了下一个阶段——通过数字公民和数字大使馆项目，打造人类历史上第一个完全建立在数字空间、没有物理边界的数字国家。数字公民项目在 2014 年启动的时候，原本仅仅是面向想在爱沙尼亚创业的外国人，但是，爱沙尼亚政府意识到这其实是一个非常好的平台，可以将世界公民和数字游侠聚拢在这样一片虚拟国土上，共同创造一个新的数字世界。于是爱沙尼亚就把相关申请开放给所有认可数字国家理念，以及在过去为数字国家事业做出过贡献的人。有一些很著名的人已经加入这个项目，比如德国总理默克尔、日本首相安倍晋三、爱沙尼亚总统拉特维尔，还有一些非常著名的企业家，像 Tim Draper（德丰杰（DFJ）的创始人）。

目前，整个数字公民项目已经有了 2300 位来自全世界 138 个国家的数字公民，这些数字公民除了能够享受爱沙尼亚的数字服务外，更重要的是，大家能够通过这样一个平台来进行互动、合作，一起做一些非常有意思、有创造性的事情。

对于那些很有创造力但却被自身国家政策束缚住手脚、受到局限的人来说，这里是一片新的乐土和天堂。有了数字公民，就聚集起一批人，但是国土在什么地方？对于数字世界来说，真正的国土就是服务器，就是互联网。但是服务器和互联网是物理存在的，所以爱沙尼亚为了确保这个数字国家在任何情况下都不受侵犯，又提出了另外一个非常有意思的项目，叫作Data Embassies——数字大使馆。

数字大使馆就是在全世界所有友好国家里面，建立爱沙尼亚数字公民的数据库，对公民的数据进行完全的备份，确保即使有任何事件发生或者有任何政策转向，这个数字国土仍然不会被侵犯，仍然不会消失。数字公民仍然可以在这个数字国家里进行各种各样的交互和活动。目前爱沙尼亚的第一个数字大使馆已经在欧洲卢森堡落地。

此外，爱沙尼亚还在推进另外一个未来数字国家的项目，就是泛欧洲数据共享。从2017年6月1日开始，爱沙尼亚总统正好担任欧盟的轮值总统，在此期间他将推进欧洲地区的无国界数据分享。他这么做就是希望这个数字国家能够从爱沙尼亚这样一个小的公共服务区域里面拓展到整个欧洲，尤其是波罗的海国家。这是一项非常了不起的行动，它正在使我们人类从用土地、民族来划分的国家，变成以共识和共同兴趣来构建的新型组织、新型群体。

# 第 3 节  总结讨论

我国电子政务目前处于转型期，区块链的发展有助于推动我国电子政务向平台型转型。

未来电子政务的发展趋势是移动化、智能化、跨境化、全人群化。我国可以大力发展区块链政务 DAPP，与云计算、人工智能等技术深度融合，构建跨境政务联盟链以处理国际事务。

政府使用区块链做政务，可能主要考虑的点不是公平，而是减少行政压力，简政放权，更有效地发挥监督和指导职能，从烦冗的服务中逐渐抽身出来。当然，安全是需要重点关注的领域，这也有赖于区块链技术自身的发展。

**16**

第 16 章

# 区块链 + 法律版权

## BLOCKCHAIN +

# 第 1 节　现状

区块链正逐渐渗透到各行各业当中，改变着行业的运作方式，同时也给法律版权体系带来不小的变革。不得不说区块链在法律版权领域有着天然的应用场景，作为一个分布式账本，区块链为数据验证提供了一个分散、开放、安全的永久性存储平台。此外，智能合约的自足和稳定性，也为法律版权保护排除了众多不可控因素的干扰，更加公正、公平。

目前，区块链在法律版权领域得到了快速的应用。2016 年，全球首个基于区块链技术的邮箱存证产品——阿里存证邮诞生；2018 年 2 月，广州仲裁委基于"仲裁链"出具了业内首个裁决书；2018 年 6 月，全国首例以区块链为存证的版权纠纷案件在杭州互联网法院一审宣判……世界上各类基于区块链的防伪验证平台不断涌现，也侧面验证了区块链技术在法律版权领域的重要作用。

**区块链的几大特点**

（1）证据防篡改

防止证据被篡改是区块链为法律版权行业带来的最大好处之一。"最大的信任就是不信任。"区块链不可篡改的特性，使得各个节点之间无须建立信任机制就能保持可靠的信任关系，这是目前世界上任何一项技术都无法达到的，因此在信息防伪、版权保护方面区块链有着天然的优势。在法庭上，如果证据遭到篡改，将会导致案件被拖延甚至影响到最终裁决，然而，如果证据被存储在区块链数字平台上，那么被篡改的可能性几乎为零。区块链分布式存储能够保证记录信息的永久性和开放性，因此，在金融纠纷和知识产权案件中，每个人都能够清楚地知道资金或数据的来源以及流向，并且这些证据会被永远保存下来，不会被篡改，更不会丢失。

通过区块链，信息的验证变得更快、更简单、更真实。

（2）智能合约

智能合约是一种旨在以信息化方式传播、验证或执行合同的计算机协议。智能合约允许在没有第三方的情况下进行可信交易，这些交易可追踪且不可逆转。它不受任何情感的约束，相比法律条款而言更有保障，更能确保法律合同的遵守。因此，智能合约能够提供优于传统合约的安全方法，并减少与合约相关的其他交易成本。

（3）知识产权

互联网时代，抄袭、洗稿现象严重，知识产权一直处于薄弱的法律保护边缘。我们经常会看到因图像、书稿、音频、设计等知识产权之争而对簿公堂的现象，但侵权屡禁不止，甚至在互联网的助攻下有增无减。

数据显示，2017 年，全国法院审理的各类知识产权案件特别是著作权案件大幅增长，新收知识产权民事一审案件增幅达到 47.24%。其中，涉及著作权、商标和专利的案件同比分别上升 57.80%、39.58%、29.56%。

在这样的背景下，区块链技术与法律版权的融合为知识产权的保障带来新的可能。基于区块链技术的"永久存储""公开""不可篡改"的特性，一旦作者的相关知识产权被记录在区块链上，那么它们将得到永久的保护。

此外，延伸到我们的日常生活，区块链技术也可以发挥重要作用。例如，存折、不动产证明等纸质契约的不可控因素很多，丢失、涂抹甚至篡改时有发生。那么，稳定、安全、高效的区块链技术就可以为个人资产提供重要保障。

（4）版权保护

同样的道理，在出版发行方面，作者可以借助区块链记录自己的原创文章。在这个分布式账本里面存储着版权信息、公钥以及对应的加密签名。版权信息里面包含作者、版权人、发表时间、登记 ID、文章摘要等各方面信息。这种记录不可更改、高度可信，作者原创内容的所有权、使用权、历史记录都会永久保存下来，从而可以打击盗版、保护原创，让知识的价值得以真正体现。

相较于传统的版权保护体系来说，区块链更加高效、可靠，并且打破了地域甚至国界的限制。

（5）变革和管理

在加密货币方面，不同的国家有不同的政策。塞拉利昂成为世界上第一个通过区块链技术举行总统选举的国家。有消息称，迪拜正在建立世界上第一个"区块链法庭"。种种迹象表明，区块链已经为法律从业人员提供了一个全新的专业领域，并且很可能会给法律带来一些新的变革。

# 第 2 节　案例分析

## 案例一　阿里存证邮

　　阿里存证邮是全球首个基于区块链技术的邮箱存证产品，其服务领域横跨 OTA、互联网金融、O2O、电子商务、供应链企业及个人。它专业提供在线电子文件签署及存证托管，同时整合司法鉴定、网络仲裁和律师服务（见下图）。

存证邮业务流程

来源：OTA 官网

电子邮件是商务合作中的重要环节，在谈判过程中承载着许多重要信息。在法律实践中，当电子邮件以电子存证的方式提交给法院时，法院需要对电子邮件的来源、内容、收发主体的真实性进行审查。但这种电子数据易遭到篡改、丢失甚至损毁，且认证难度较大、可执行性差，一旦发生纠纷很难作为有效证据提供有力的证明。而基于区块链技术开发的阿里存证邮具有去中心化、分布式存储以及防篡改的特点，可很好地保证电子邮件作为证据的安全、稳定，并防止数据遭到篡改。

用户可将重要邮件中包含哈希值等的特征数据，同步保存至司法鉴定机构。一旦有纠纷，用户自行下载邮件全文，再发送至司法鉴定机构对比之前的存证数据，可生成相应出证鉴定报告，从而维护自身合法权益。

## 案例二　杭州互联网法院认可区块链存证

2018年6月28日，全国首例以区块链为存证的版权纠纷案件在杭州互联网法院一审宣判。这是我国司法领域首次对采用区块链技术存证的电子数据的法律效力予以确认。

在该案件中，杭州互联网法院审理后认为：电子数据通过可信度较高的自动抓取程序进行网页截图、源码识别，能够保证来源真实；采用符合相关标准的区块链技术对上述电子数据进行存证固定，确保了电子数据的可靠性；在通过技术验算确认一致且与其他证据能够相互印证的前提下，这种电子数据可以作为本案侵权认定的依据。

2018 年 9 月 28 日，全国首个司法区块链系统在杭州互联网法院正式上线，而杭州互联网法院也成了全国首家应用区块链技术定纷止争的法院。司法区块链系统通过时间、地点、人物、事前、事中、事后六个维度解决数据"生成"的认证问题，真正实现了电子数据的全流程记录、全链路可信、全节点见证。

电子证据要经过生成、存储、传输和提交四个环节，但在互联网上，电子存证会面临证据分散、丢失、碎片化、易被篡改等问题，从而失去法律效力，导致维权陷入困境。那么，司法区块链系统的上线则很好地解决了上述问题，让涉诉电子数据的生成、存储、传播和使用全程可信，保证了涉网审判的"最后一公里"。

当事人在侵权网站上打开侵权作品，下载、保存侵权作品，整体流程（包括取证的流程）都通过哈希值进行完整记录。起诉时，当事人在杭州互联网法院诉讼平台上提交起诉申请，实名认证成功后即可关联查看已经存证的侵权记录，并可直接提交证据。随后，系统会自动提交侵权过程的明文记录，杭州互联网法院系统核验本地机器上区块链中的哈希数据，进行明文和哈希的比对，比对通过则生成证据链，比对不通过则该证据失效。这样就串起了整个侵权证据链，保证了电子证据的真实性。截至目前，杭州互联网法院司法区块链业务总数已超过 110 万。

## 案例三　仲裁链

2018 年 2 月，广州仲裁委基于"仲裁链"出具了业内首个裁决书，标志着区块链应用在司法领域的真正落地并完成价值验证。"仲裁链"由微众银行联合广州仲裁委、杭州亦笔科技基于区块链技术搭建，属于区块链经济的技术生态系统，是业内基于 FISCO、BCOS 区块链底层平台推出的又一个区块链应用场景。

此次仲裁实践，证实了通过区块链分布式存储、加密算法等技术，为司法提供真实透明、可追溯的实时保全数据的做法行之有效。同时，展示了区块链在精简仲裁流程、节省各参与方成本上的巨大价值，也为司法机构应对日益增长的仲裁诉求提供了高效可行的新方向。

当业务发生时，用户的身份验证结果和业务操作证据的哈希值均记录到区块链上。当需要仲裁时，后台人员只需点击一个按钮，相应的证据便会传输至仲裁机构的仲裁平台上。仲裁机构收到数据后与区块链节点存储的数据进行校验，确认证据真实、合法、有效后，依据网络仲裁规则依法裁决并出具仲裁裁决书。

通过"仲裁链"，仲裁机构可参与到存证业务过程中来，一起共识、实时见证，一旦发生纠纷，经核实签名的存证数据可视为直接证据，极大地缩减了仲裁流程，有助于仲裁机构快速完成证据的核实，快速解决纠纷，进一步提升司法效率，降低仲裁成本。

"仲裁链"基于区块链多中心化、防篡改、可信任特征，利用分布式数据存储、加密算法等技术对交易数据共识签名后上链，实时保全的数据通过智能合约形成证据链，满足证据真实性、合法性、关联性的要求，实现了证据及审判的标准化。

## 案例四　CustosTech

　　CustosTech 在区块链经济中属于技术生态系统，建立了一种专门的取证水印技术，它可以在编码过程中将数字货币奖励（即比特币）链接到视频、音频、电子书和有声图书等媒体文件中。该技术通过区块链来跟踪识别侵权行为。

　　取证水印（拥有唯一的序列号）通常嵌入在文章内容（或其他媒体内容）的某个随机点或者整篇内容中，且内容的接收者无法察觉，跨文件长度嵌入的方式也使其很难被删除。更重要的是，用于识别这些媒体文件接收者的序列号不受调整大小、转码、记录或任何其他更改的影响。因此，当我们怀疑文件出现盗版时，可以提取唯一序列号以确定文件的合法接收者，从而确定盗版内容的来源。

　　需要说明的是，区块链在这里只是作为一个激励系统，使底层水印技术发挥更大的作用。任何人都可以在其网站上申请加入 CustosTech 的比特币"赏金猎人"平台。如果被雇用，"赏金猎人"会收到一个 Privateer 工具，用于筛选受 CustosTech 保护的内容。一旦赏金猎人发现盗版内容，就可以把被盗版文件中附的比特币提取到自己的比特币钱包中。提取比特币的过程会向 CustosTech 和内容所有者发送唯一的序列号，显示盗版内容的来源，这样就可以针对版权侵权行为采取法律诉讼、注销账户和拉入黑名单等措施。为此，CustosTech 索取的侵权费要高于嵌入式比特币的价值。

# 第3节　面临的挑战与机遇

　　区块链的永久存储、不可篡改和分布式存储似乎是目前在法律版权领域中解决存证和版权问题的最佳方法，也在不断的应用落地中向我们证明着其巨大的作用。但目前这一领域还处于发展初期，有很多的未知性和问题等待我们去发现和解决。

　　在传统版权领域，作者通过国家版权局或版权登记公司宣告自己的作品主权，如果登记后发现与事实不符就可以到相关机关依法进行更改或者撤销登记。那么，这时"不可篡改"的区块链要如何解决呢？比如某人将一篇并不是他本人原创的文章在区块链上进行了登记，当真正的作者再去登记或者进行维权时要如何解决呢？

　　也许有人想到通过版权登记的公司用某种方法进行修改，那么这样又会面临一个问题：和中心化的数据存储有什么区别呢？

　　作为版权领域新入场的搅局者，与大多数区块链落地的困境一样，足够的用户是支撑其走下去的不竭动力。然而在目前乱象丛生的数字货币舆论中，区块链一词在公众中的形象也受到了影响，使这条路走起来更加艰难。

　　另外，原本市场中资本雄厚的大公司对作品严格控制，甚至版权垄断，这对区块链版权市场造成了更大阻力。

　　区块链技术的发展，为法律版权领域的变革带来了一丝曙光，然而区块链自身的局限性和传统领域的现状也让区块链的发展之路荆棘重重。想要使"区块链 + 法律版权"真正落地，还有很长的路要走。

# 区块链与前沿科技的融合

BLOCKCHAIN +

在前沿科技中，目前热门的几大技术 AI、Blockchain、Cloud Computing、Big Data、IoT 并称 ABCDI。区块链未来的发展方向虽然不是十分明朗，但一个基本的趋势是，向上与各类应用结合，向下与各种前沿技术深度融合。本书前面介绍了区块链和各个应用的结合场景，本章我们将阐述区块链如何和其他的前沿科技相互融合。

# 第 1 节　区块链与物联网的融合

## 一、物联网概述

物联网（Internet of Things，IoT）概念由麻省理工学院于 1999 年提出。在物联网上，每个人都可以应用电子标签将真实的物体上网连接，且可以查出它们的具体位置。通过物联网，可以用中心计算机对机器、设备、人员进行集中管理、控制等。物联网将现实世界数字化，主要应用在以下方面：运输和物流领域、健康医疗领域、智能环境（家庭、办公、工厂）领域、个人和社会领域等。

物联网自下而上共分为四层：感知层、网络层、平台层和应用层。

- 感知层是物联网的底层，主要通过传感器采集信息。

- 网络层使用各类通信协议将感知层采集到的信息传输到平台层，比较著名的协议包括 NB-IoT 和 LoRa。
- 平台层负责汇总和处理传感器采集到的数据。
- 应用层面向客户的各类前端应用，例如智能电网、车联网、智能抄表等。

## 二、物联网的发展瓶颈

### 1. 数据的存储和处理问题

这个问题同样是现在物联网行业的一大痛点，因为按照目前把所有终端单元收集的数据收集到中心服务器，再计算处理返回结果的做法，开销是非常大的。除了成本的问题，对设备的运行稳定性和运行网络环境要求也比较严苛，比如很多投放在大洋深处的浮标，投放在深山里的监控传感设备，会面临长时间无网可用，有网络时也没有足够的带宽上传完整数据的窘境。采用中心服务器处理数据，收到的很多都是无效的冗余信息，造成计算效率的低下和对有效信息的挖掘不够深入，同时设备反馈的信息也存在不同程度的时延问题。

### 2. 数据的安全和预防攻击问题

在物联网领域，除了广泛使用的气温检测、气压检测、火灾报警、洋流监控等公共服务性质的传感器外，更多的设备连接的都是家居、金融、医疗、能源、交通等私人性质的数据。各种不同类型的设备连接数量和数据传输量，都会达到前所未有的高度，其执行环境又各不相同，导致传统的网络安全防御面临着巨大挑战。安全问题会集中在传输过程当中爆发，数量庞大而又缺乏安全加密的数据在传输到另一端时，很容易被黑客截取。终端的设备在不联网的情况下也有可能因为一些编程漏洞遭受恶意的攻击，造成生命财产的损失。

### 3．现在的物联网还不能做到在设备之间直接通信

这是由于现在的物联网基于 API 的服务访问方式，是通过集中服务器的间接访问方式，背后的深层原因是在不同信任域下物联网节点的互通性受到安全问题的束缚。一旦某个物联网传感节点的数据经过其他域的智能节点进行数据传输，数据本身就有可能被非法篡改或者丢失，造成系统可靠性的下降。

### 4．利益分配难达成

如果需要通过其他物联网运营商或者个人的设备和网络进行数据的传输和存储，则必须在利益分配上多方达成一致，然而这种两两互联的方式所需要的管理和实施成本十分巨大。

## 三、区块链如何与物联网结合

区块链在物联网上的应用主要有三个方向：数据存储与边缘处理、安全、成本和效率。除此之外，区块链还可以为物联网智能设备之间服务的交易带来便利。

### 1．数据存储与边缘处理

物联网在本质上是与数据相连的。随着加入网络的设备数

量增加，物联网中收集到的数据将指数级增加，中心化的数据处理模式也将面临成本指数级上升的情况，而区块链所代表的分布式网络将为这种问题的处理带来新的解决方案。目前物联网的数据处理方式都是中心服务器收集数据，处理好之后再返回结果。但是通过智能合约，就可以以特定的方式预设条款，条件成熟时，操作 / 交易自动执行，从而使智能设备有更好的适应性和应激性。物联网需要一个 Ledger of Things 来记录发生在物联网内的所有事情，包括交流交易记录等，并负责协调。区块链所代表的分布式账本可以保证不被篡改地记录物联网内的所有事情。

### 2. 安全

安全问题也是物联网的一个发展难题。区块链技术对解决物联网的安全问题有很多帮助。区块链上的记录不可被随意篡改，数据不单独存储于本地设备，交易也不容易被中间人攻击，因为交易不是可被拦截的单一线程，从而提高了物联网的安全性。

物联网区块链的安全需求包括两方面：一是物联网自身的安全，这是通过非对称密钥等加密技术以及芯片级的硬件加密实现的；二是区块链本身的安全，目前的链都会在可扩展性、安全和去中心化三者之间寻找一个平衡，早期的项目采用 POW 并不够安全，因为算力较低，容易遭受攻击。

物联网安全遭遇的最大挑战就是身份问题：怎样确保庞大系统中智能设备间连接与交流的安全？区块链让去信任化成为现实，因为交易被网络中的所有节点确认，从而形成共识。业界预计，未来这种点对点的通信协议，将成长为比 TCP/IP 协议更适合于物联网的传输协议。另外，安全的分布式文件共享协议具有取代中心化的文件存储和传输的潜力，可以实现安全的软件、固件升级和在设备间直接进行文件分享。

### 3. 成本与效率

现在，物联网的中心化存储和计算处理模式消耗大量的计算资源，并且需要保存冗余无用的信息，数据在终端和中心服务器之间的传输也耗费巨大成本。基于区块链的物联网通过智能合约，让计算在终端子单元自动执行，或者在一个设定好的物理域范围内进行对称级联控制，这样不仅大大减少了数据传输的带宽开销，还能使用户获得更加顺畅便捷的使用体验。

在终端自动执行的智能合约，带来的另一大好处就是可以在上传分析用的样本数据之前进行自我筛选，这样在保护此终端单元隐私的同时，省去了很多中心服务器筛选数据的资源。

## 四、具体案例

## 案例一 IOTA

### 1. 项目简介

IOTA 是专门为物联网而设计的一个新型交易结算和数据转移系统，它针对物联网存在的交易成本高、数据隐私安全等痛点，试图打造一个可以满足大量数据处理、高频实时通信的物联网平台。

### 2. 技术模型

IOTA 专注于解决机器间的交易问题。它发布了新的分布式账本结构——Tangle（缠结），致力于解决区块链效率低下的问题。在 IOTA 交易过程中，当一个人试图向 IOTA 网络中添加一笔交易时，需要首先找到两个没有确认过的交易，验证其有效性（贡献 POW 计算），然后将自己的交易指向这两者，并发送到网络中，再由后来的交易进行验证，即义务性地验证其他两笔交易，而无须支付交易费用。在这个过程中，每个用户都将进行一定量的 POW 过程，因此没有专门的矿工，所以也就可以做到零交易费用。

## 案例二　IoTeX

### 1. 项目简介

IoTeX 是面向物联网可自动扩展和以隐私为中心的区块链基础设施，旨在通过区块链技术实现为大众带来自主设备物联网络化的目标，致力于打造轻量级、私密性和易拓展的区块链底层，构建一个支持物联网应用的区块链平台。

### 2. 区块链技术

该项目声称应用已有的区块链技术，通过链中链架构设计的改造组合来实现主链和子链之间的快速共识机制切换与跨链价值转移，通过跨链通信技术来提高信息传递的效率，并降低系统运行成本。隐私保护机制采用了轻便型的隐藏地址方式，以实现接收方不用扫描整个区块链就可以确认交易，同时应用优化环签名技术，使区块体积更为轻便并提高其可信任程度。

### 3. 通证经济

IOTX 是 IoTeX 网络生态的重要组成部分，它被设计成完全服务于 IoTeX 网络。IOTX 通证作为一种虚拟加密"燃料"，被用于在 IoTeX 网络上实现相应功能，比如执行转账和分布式应用，通过消耗 IOTX 通证激励社区参与者，维持 IoTeX 网络上的生态。在 IoTeX 网络上执行转账和分布式应用以及验证添加区块/信息需要占用很多的计算资源，因此我们需要激励提供服务/资源的网络参与者（即挖矿）以保持 IoTeX 的完整。IOTX 通证还被作为一种汇率单位用于支付占用计算资源所产生的费用。IOTX 通证需要 50 年才能挖完，挖矿奖励会随着时间的推移而呈线性下降。

IOTX 通证是 IoTeX 不可或缺的一部分，如果没有通证，就没有一种汇率单位去支付这些费用，从而 IoTeX 的生态系统便无法维持。IOTX 通证作为一种支付单位具有不可逆的功能，将被用于 IoTeX 网络参与者的转账交易中。引入 IOTX 通证的目的是为生态系统中的网络参与者提供一种便捷安全的支付结算模式。IOTX 通证只能在 IoTeX 网络上使用。

### 4. 社区治理机制

IoTeX 采用的是 DPOS+PBFT 的共识机制。倾向于节能的物联网环境不适合采用高能耗的 POW 机制来维持网络。和 POS 相比，DPOS 为物联网提供了以下优势：

● 小的股权投资者可以将股权集中起来，以便有更大的机会参与区块链中的投票，然后分享奖励。

- 资源受限的节点可以委任代表，这点类似于 EOS，不需要所有节点在线即可保持共识。

- 代表可以是具有强大电力供应和网络条件的节点，也可以动态随机选择，链上将获得更高的整体可用性，使网络达成共识。

PBFT（实用的拜占庭容错算法）是 IoTeX 的基础投票算法，是 Castro 和 Liskov 在 1999 年提出的一种有效的抗攻击算法，用于在分布式异步网络中达成协议，只要恶意节点的数量不超过所有节点的三分之一，PBFT 就可以发挥作用，保证网络的安全可用。

在共识机制中，IoTeX 还采用了 VRF（可验证的随机函数）对普通的 DPOS 做了修订。VRF 是 Micali 等人提出的，指的是可以随机输出公开可验证的数据。通过使用 VRF，参与者可以私下检查他们在每轮提议或投票中是否被选中，然后发布他们的 VRF 证据和区块提案或投票。而且，VRF 可以提高网络效率并避免有针对性的攻击，因为所有被选参与者只需向网络广播一条消息。

在物联网中，很多设备都是轻量使用的客户端。以比特币为例，存储完整的比特币区块信息需超过 100GB 的空间，很多嵌入式低成本的物联网设备无法下载如此大量的数据。为了缓解这一问题，以太坊创始人 Vitalik 建议在区块链上创建定期检查点 epoch，例如每隔 50 个区块设置一个 epoch。每个检查点都可以基于前一个检查点进行验证，这样轻量级客户端就可以更快地同步整个区块链。

## 5. 总结

目前跨链是区块链发展的前沿技术，虽然很多项目都有讨论并想做出些成绩，但实际进展仍然非常缓慢。和同类型的物联网区块链项目 IOTA、Ruff、ITC 等相比，IoTeX 糅合了更多的技术理念和架构设想，未来想象空间很大，但是可实现性和运行的效果还有待验证。

# 第 2 节  区块链与大数据的融合

## 一、大数据是什么

数据服务指的是与数据采集、处理、应用和管理相关的所有服务。服务价值在于从数据中提取有价值的信息,帮助企业更有效地开展市场营销活动,进行市场预测与生产优化,进行风险控制,并最终实现利润转化。

大数据是数据服务中针对海量数据提供服务的部分。数据来源越来越广泛,数据分析模型不断优化,分布式计算迅速发展,这些都使得海量数据处理成为可能。随着网络经济的发展,未来大数据的应用场景将不断增加,应用价值将不断提高,在数据服务中的比重也将越来越大。著名智库 Gartner 对大数据的定义是:"使用高效的信息处理方式以具备更强的洞察力、决策力和流

程优化能力的海量、多样的信息资产。"其价值在于提高数据使用者的最终决策力。[○]

## 二、大数据发展面临的问题

### 1. 数据孤岛问题

大数据的基础在于数据，如果拿不到数据，那大数据分析也就无从谈起。从技术层面看，大数据的采集和分析是一个巨大的问题。不同部门的数据存储在不同的地方，大数据来源众多、数量巨大、形式各异。由于隐私保护、利益划分的问题，数据实际上形成了一个个孤岛。

社会大数据是一种公共资源，由于政府部门之间、企业之间、政府和企业之间的信息不对称，制度、法律不完备，缺乏公共平台和公开渠道，还有多样的设备以及各式各样的场景，导致大量政府数据存在"不愿公开、不敢公开、不能公开、不会公开"的问题，从而造就了政府和企业之间的信息孤岛。

阻碍数据共享的另一个原因是缺乏动力和担心安全。各大互联网公司在一定程度上都掌握了相当的数据，但是由于利益动机不一致，不同的企业不愿共享数据。在国内，互联网公司大多把平台数据作为自己的资产，是重要的竞争力。另外，它们也是出于信息泄露不可控的安全方面的考虑。

### 2. 数据处理难度大

首先是数据体量庞大、结构复杂、难以存储。即使我们解

───────────

○ 来源：Gartner 报告。

决了信息共享问题，数据可供随时取用，每天产生的海量数据也需要一个强大的处理平台。中国的数据体量比别的国家都要大，这些数据存储困难。59% 的数据是无效数据，70% 的数据过于复杂，85% 的企业数据架构无法适应数据量和复杂性增长的需求，98% 的企业无法及时地为业务提供准确的信息。

其次，现实产生的很多数据是非结构化的数据，无法用统一的结构来表示。数据大量存在于社交网络、互联网和电子商务等领域，表现出高维、多变和强随机性等不确定性。研究和应用这些数据需要将包括数学、经济学、社会学、计算机科学和管理科学在内的多学科结合起来。《大数据产业发展规划（2016—2020 年）》指出，我国在新型计算平台、分布式计算架构、大数据处理、分析和呈现方面与国外仍存在较大差距，对开源技术和相关生态系统的影响力较弱。同时，大数据应用水平不高。我国发展大数据拥有强劲的应用市场优势，但是目前还存在应用领域不广泛、应用程度不深、认识不到位等问题。

## 三、区块链如何与大数据结合

### 1. 数据开放共享：区块链保障数据私密性

政府机构掌握着大量高价值的数据，政府数据开放是大势所趋，将对整个经济社会的发展做出巨大贡献。然而，数据开放的主要难点和挑战是如何保护个人隐私。区块链的特性是不可篡改和去中心化，这可以提升数据的安全性。例如在基因测序领域，可以利用私钥限制访问权限，从而规避法律对个人获取基因数据的限制问题，并且利用分布式计算资源以低成本完成测序服务。由于区块链的安全特性，使得全球范围内开展协同测序成为可能，大大增加了样本量。

### 2. 数据存储：区块链是一种不可篡改且可追溯的数据库

区块链网络中的所有节点共同参与计算，验证其信息的真伪，并达成全网共识，可以说区块链所包含的分布式账本技术是一种特定的数据库技术。目前我们的大数据还处于非常基础的阶段，基于全网共识的区块链数据，是不可篡改且可追溯的，也使数据的质量得到了提高。

### 3. 数据分析：区块链确保数据安全性

数据分析是大数据价值转化的核心。如何在数据分析的同时有效保护个人隐私和防止核心数据泄露，是大数据发展过程中要持续解决的问题。例如，基因测序数据越来越普及，但人们也担心一旦数据泄露将造成严重的后果。区块链可以通过多签名私钥、加密技术、MPC（多方计算）技术来增强数据的安全性。数据被哈希后放置在区块链上，使用数字签名技术就能够让那些获得授权的人们对数据进行访问。数据统一存储在去中心化的分布式账本上，在不获取原始数据的情况下对数据进行分析，既可以保护数据的私密性，又可以共享给全球科研机构、医生，作为全人类的基础健康数据库，对未来解决突发和疑难疾病带来极大的便利。

### 4. 数据流通：区块链保障数据相关权益

区块链的通证经济可以将数据资产化，为数据的流通交换提供了便利，也对数据出让者提供了相应的补偿，避免了数据被无偿使用的情况。

区块链能建立可靠的数据资产交易环境。数据是一种非常特殊的商品，所有权存在争议，而且易复制、易丢失，这也决定了使用传统商品中介的交易方式无法满足数据的共享、交换和交易要求。电商等互联网平台有条件、有能力复制和保存所有平台上产生的数据，甚至无偿使用，对用户既不安全也不公平。这种情况也限制了数据在更大范围内的流通和价值提升。区块链为保护数据产生者的权益提供了新的解决方案。

另外，区块链可追溯的特性有利于解决数据确权的难题。区块链通过让网络中的多个节点来共同参与数据的计算、记录和验证，给数据的流通提供了可追溯的路径。把各个区块的交易信息串起来，就形成了完整的交易明细清单，每笔交易的来龙去脉非常清晰、透明。

## 四、具体案例

区块链和大数据的结合点在于提供一种激励机制，让信息的采集和初级的处理可以利用分布式的结构以更低的成本得以实现。实际的案例中，AI 和数据营销类的项目与区块链的结合最为紧密。

## 案例一 BAT

### 1. 项目简介

Basic Attention Token（BAT）是数字营销领域知名度最高的项目，旨在为破碎的数字广告市场服务。该项目基于 Brave 浏览器开展去中心化数字广告业务，通过运用零知识证明保护用户隐私，同时使用户的注意力得到回报。项目的创始人是 Java Script 之父、火狐浏览器的联合创始人 Brendan Eich。

团队研发的浏览器 Brave 通过机器学习对设备上的数据进行研究和抽象，并提供隐私和匿名选项，为用户的关注度提供补偿。Brave 消除了所有第三方追踪者和中间人，以便减少数据泄露、恶意软件风险和过度收费等情况的发生，同时为发布商提供比现有低效率和不透明的市场得到的收入更多的收入份额。因此，Brave 浏览器旨在重新设计基于在线广告的生态系统，为广告客户和发布商提供一个双赢解决方案。

### 2. 技术分析

基本注意力代币（BAT）是基于以太坊的通证。智能合约是存储在以太坊区块链中的状态应用程序，由加密算法保障安全，可以验证或强制执行合约。代币合约是以太坊生态系统的标准特征。每个使用 BAT 浏览过的广告将进行验证。BAT 在早期阶段与经过筛选的发布商一起绑定到 Brave 浏览器和 Brave 服务器。广告欺诈通过发布源代码和加密算法保障交易安全。Brave 的分布式账本使用 AMONIZE 算法来保护用户隐私。当使用正确的匹配算法时，状态通道允许具有强匿名保证的多样化的小交易。虽然 Raiden 和其他政府渠道计划与以太坊生态系统结合在一起，如 Zcash 和 Monero 等新的区块链通过快速增长的功能组合来提供更强的隐私保护，但解决这种交易的独特问题的新方案很可能将是用于 BAT 的大规模多方转账。可以使用彩票系统，其中小额付款是概率性的，支付基本上以与硬币挖矿工作相同的方式进行，而工作证明、BOLT、零知识 SNARK 或 STARK 算法不可能成为此栈的一部分来保护参与者的隐私。在 BAT 系统中的交易几乎总是一对多、多对一，因此这种安排可能会提出新的零知识证明。随着 Brave 上线公链，其他开发人员将可以使用 BAT 的免费和开源的基础架构开发自己的 BAT 使用案例。

### 3. 通证经济分析

广告发布商的付款将通过 BAT 系统支付。对于 BAT 的第一个化身，BAT 中的所有付款都必须具有发布商终端。发布商的客户端已经完成开发，用于测量用户的注意力。"凹"奖励机制基于打开和查看页面至少 25 秒的固定阈值计算注意力分值，以及在页面上花费大量时间的上限分值，然后将用户行为概要发送回 Brave 分类账系统进行记录并且基于分值进行支付。在后端部署 BAT 所需的大部分基础设施目前正在编码，并且基于用户的注意力分发捐赠。因此，这种基础设施将根据测试用户和广告客户的反馈被尽快用于部署 BAT。

通证激励系统鼓励用户转换角色，从被动参与者变成主动的贡献者。该系统有助于长尾的广告市场，满足碎片化的需求。一些发布商可能会拥有通常只向订阅者提供的优质内容。订阅模式通常不会被互联网用户所青睐，然而在区块链系统下，这可能会为优质内容的提供商带来新的收入。如果有人喜欢优质的文章，可以进行小额支付，将优质内容发送给自己的朋友。也可以向用户提供更高质量的内容以进行 BAT 交易，例如，娱乐频道上较高质量的视频或音频，或者某种新闻头条摘要。新闻或其他信息来源中的视频或音频内容可能仅限于进行小额付款的人员。

评论可能会使用 BAT 代币进行排名或投票，类似于某些评论部分的"点赞/鄙视"。由 BAT 代币支持的评论可能会获得更高的可信度，因为人们关心有足够支持的评论，而且有代币传输可以被验证为来自真实的人而不是机器人。为了减少付款也可以购买发布评论的权利，以减少滥用评论的数量。最终，可以在 Brave 的生态系统中使用 BAT 来购买数字商品，如高分辨率照片、数据服务或仅需一次性付款的应用程序。许多发行商可以访问特定的数据库，尽管个别人有需求，但这些数据库无法以订阅的形式获得盈利。例如，Pro Publica、Citizen Audit 和 Gartner 等公司发布的优质报告，尽管受到很多人的青睐，但订阅费用太高，那些不想购买全部权限或者文档的用户可能只对一小部分新闻感兴趣。BAT 可能还可用于 Brave 生态系统所发布的游戏中。

### 4. 优缺点分析

优点是有一个自己的浏览器 Brave，这点类似于 Chrome 之于 Google 的重要性，因为这是数据的来源，如果自己掌握不了用户数据，这个生意就做不下去。但是，这也是其软肋，即别人为什么要用这个浏览器。C 端的用户现在对隐私的感知还很弱，激励又显得很无效。

另外值得一提的是，BAT 并不能真正解决广告欺诈的问题。区块链在解决广告欺诈上其实无能为力，因为即使是机器人点击了广告，区块链也不能分辨，这里仍然需要人工智能的模型来检测。

# 第3节 区块链与人工智能的融合

## 一、人工智能（AI）是什么

人工智能（Artificial Intelligence，AI）是研究、开发用于模拟、延伸和扩展人的智能的理论、方法、技术及应用系统的一门新的技术科学。人工智能是计算机科学的一个分支，它试图了解智能的实质，并生产出一种新的能以人类智能相似的方式做出反应的智能机器，该领域的研究包括机器人、语音识别、图像识别、自然语言处理和专家系统等。[注]

---

[注] 源于百度百科。

## 二、人工智能面临的痛点

### 痛点一：数据难获得

数据来源多样，而且结构不统一，很难直接使用。有价值的数据更是难以获取。如果把人工智能比喻成一个动物，数据就是喂养动物的食物。如果没有数据来训练模型，人工智能将很难提高。目前高质量的结构化数据的获取和清洗是人工智能发展的最大瓶颈。

### 痛点二：模型的垄断

现今的人工智能已经无处不在，比如电商网站根据用户习惯来推荐购买，共享汽车的模型可以根据地点和时段来调整价格，PayPal 使用机器学习算法来检测和打击欺诈。

让少数权利者或大企业主宰 AI 行业，看似对社会没有影响，但长期下来绝不是一个明智的决定。大公司更重视其自身利益，因此其培训的 AI 模型经常将目的置于客户的隐私和需求之前。垄断会提高社会的竞争成本，长期也会造成更多上层建筑的矛盾问题。区块链技术可以通过分散和开源的 AI 算法，让用户有更多的选择权。

## 三、区块链如何与 AI 结合

### 1. 人工智能和加密协同工作

由于分布式归档系统中固有的加密技术，存储在区块链中的数据是安全的。因此，区块链对于个人和敏感数据的存储是理想的。由于区块链数据库以加密状态存储信息，因此私钥要保持安全以确保链上的所有数据都是安全的。人工智能在这里加入了区块链技术，因为它带来了很多与安全相关的东西。事实上，不断发展的人工智能领域正在开发能够在数据处于加密状态时处理数据的算法。

### 2. 在区块链的帮助下，可以理解 AI 做出的决定

人工智能通过分析大量变量来做出决策，这样的决策对人类来说很难理解。当这些决策在区块链上以数据点为基础存储在数据点上时，会变得更容易被审计。可以确信，区块链上存储的信息是防篡改的。

### 3. 人工智能可以有效管理区块链

其实，计算机也有"愚蠢"的时候，因为如果没有明确的指示，它们将无法执行任何任务。这意味着使用区块链上的数据进行操作将需要大量的计算能力。这就是人工智能发挥作用的地方。AI 使计算机智能化，基于机器学习的挖掘算法将能够在工作中学习，从而提高其技能。

## 四、具体案例

## 案例一　Cortex

### 1. 项目简介

Cortex 是一个分布式 AI 平台，支持 AI 智能合约和 AI 执行。AI 开发人员可以将自己的模型上传到区块链，智能合约和

DAPP 开发人员可以通过支付 CTXC 通证来访问这些 AI 模型。

## 2. 技术分析

### Cortex 智能推断框架

智能推断是指将需要预测的数据代入到已知模型计算并获得结果。所有的机器学习从业人员都能上传自己的模型，其他需要该数据模型的用户可以使用已上传的模型，并且支付费用给模型上传者。每次推断的时候，全节点会从存储层将模型和数据同步到本地。通过 Cortex 特有的虚拟机 CVM（Cortex Virtual Machine）进行一次推断，将结果同步到全节点，并返回结果。

### 模型提交框架

Cortex 提出了链下（offchain）进行训练的提交接口，包括模型的指令解析虚拟机。这能够给算力提供方和模型提交者搭建交易和合作的桥梁。

用户将模型通过 Cortex 的 CVM 解析成模型字符串以及参数，打包上传到存储层，并发布通用接口，让智能合约编写用户进行调用。模型提交者需要支付一定的存储费用，以保证模型能在存储层持续保存。对智能合约中调用过此模型进行推断所收取的费用，会有一部分交付给模型提交者。提交者也可以根据需要进行撤回和更新等操作。对于撤回的情况，为了保证调用此模型的智能合约可以正常运作，Cortex 会根据模型的使用情况进行托管，并且保持调用此模型收取的费用和存储维护费用相当。Cortex 同时会提供一个接口将模型上传到存储层并获得模型哈希。之后提交者发起一笔交易，执行智能合约将模型哈希写入存储中。这样所有用户就可以知道这个模型的输入、输出状态。

### 3. 经济模型分析

**模型提交者的奖励收益**

Cortex 为了激励开发者提交更加丰富和优秀的模型，调用合约需要支付的 Endorphin 会支付给模型的提供者。费用的收取比例采用市场博弈价格，类似于以太坊中 gas 的机制。

**模型提交者成本支出**

为了防止模型提交者滥用存储资源和过度提交，比如提交垃圾模型或重复的模型，对每个模型提交者必须支付存储费用。这样可以避免劣币驱逐良币的现象发生。

**模型复杂度和 Endorphin 的耗费**

Endorphin 用来衡量在推断过程中将数据模型代入合约时，计算所耗费的虚拟机计算资源。Endorphin 的耗费量和模型大小成正比，同时 Cortex 也为模型的参数大小设置了 8GB 的上限，对应最多 20 亿个 Float32 的参数。

### 4. 社区治理机制

Cortex 秉承一机一票优先，采用 Cuckoo Cycle 的 POW 进一步缩小 CPU 和显卡之间加速比的差距。同时 Cortex 链将充分发掘智能手机显卡的效能，使得手机和桌面电脑的显卡差距符合通用硬件平台测评工具（如 GFXBench）的差距比例。比如，最好的消费级别显卡是最好的手机显卡算力的 10 ~ 15 倍。由于手机计算的功耗比更低，使得大规模用户在夜间充电时间利用手机挖矿更加可行。

特别值得注意的一点是，出块加密的共识算法和链上的智能推断合约的计算并没有直接联系，POW 保障参与挖矿的矿工们在硬件上更加公平，而智能计算合约则自动提供公众推理的可验证性。

当用户发起一笔交易后，全节点需要执行相关智能合约。Cortex 和普通智能合约的不同之处在于，其 AI 智能合约中涉及推断指令，它需要全节点对于这个推断指令的结果进行共识。执行流程（见下图）如下：

首先，全节点通过查询模型索引找到模型位置，并下载该模型的模型字符串和对应的参数。

其次，通过 Cortex 模型表示工具将模型字符串转换成可执行代码。

最后，通过 Cortex 提供的虚拟机 CVM 执行可执行代码，得到结果后进行全节点广播共识。

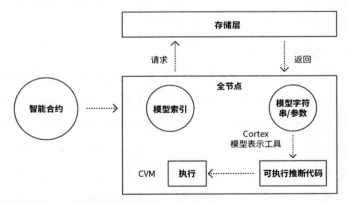

来源：《Cortex 白皮书》

# 第 4 节　区块链与前沿科技的融合总结

　　目前来看，其他前沿科技，比如 AI、物联网，也处于从 0 到 1 的探索中，但是和区块链一样，人类在寻求从 0 到 1 的突破过程中，也在思考基础设施建完后的应用。应该说，目前的 AI 也是处于非常早期的阶段，物联网还只是简单的传感器的叠加，深度的应用仍然处于摸索阶段。从人类发展的宏观角度看，文明的进步就是人工干预的减少、机器使用的增加。区块链对于激励数据共享和模型优化有积极的意义，区块链的分布式架构对于物联网的海量数据存储有重要启示，提供了新的解决方案，区块链的密码学原理对于物联网、大数据、人工智能中涉及数据隐私保护的环节具有重要意义。某种程度上说，区块链的落地，需要其他前沿技术的共同发展。今天这些前沿技术虽然处于发展的早期，但是从理论上来说，区块链的出现确实给它们的发展消除了很多技术上和制度上的障碍。未来的趋势是技术交叉融合，互相促进发展。

# 区块链产业技术服务

**BLOCKCHAIN +**

---

# 第 1 节　产业技术服务概述

---

### 1. 定义

在区块链的行业版图里，除了使用区块链来赋能各行各业的项目以外，还有一类作为生态设施提供"送水"的服务，提供行业的基础设施，对推动区块链的技术落地起到了作用，比如交易所、钱包、安全服务提供商、公链或联盟链的技术解决方案提供商等。国际数据公司（International Data Corp）表示，到 2021 年区块链技术市场预计将增长到 23 亿美元。

通俗来说，区块链技术就是加密技术、共识机制、P2P 的网络、分布式系统等一些技术的结合，那么云平台上的区块链技术，多指这些技术结合后的区块链架构框架或者区块链操作系统，主要是 HyperLedger、Multichain、以太坊私有链等框架，使用这些框架去结合业务需求，开发出适合业务的应用，甚至这些应用要求优于现有的互联网技术，这种方式称为区块链技术服务。

### 2. 分类

目前的区块链技术服务主要分为三类：

一是为传统公司部署各种链（包括公链、联盟链和私有链）；

二是提供数字货币交易平台的技术解决方案；

三是为现有的区块链项目提供安全服务。

这三类公司发挥了不同的作用。第一类为推动技术的落地应用做出了重要贡献，它们积极和各类企业寻求合作场景，提供技术服务，具有代表性的有井通科技、布比、众享比特等；第二类是交易所的技术提供商，交易所是业内比较成熟的业态，火币、币安这些大的交易所对于行业发展起到了积极的推动作用，而为小交易所提供技术服务也是比较真实的需求，这类服务商中最典型的是链上科技，它脱胎于火币，服务过众多中小交易所；第三类是安全服务商，区块链的安全是行业最大的痛点之一，交易所、钱包的黑客攻击事件层出不穷，这在很大程度上打击了行业的信心，加大了行业共识的消耗，因此，安全类服务商对于行业发展起到了保驾护航的重要作用。

# 第 2 节　案例分析

## 案例一　各种链的解决方案提供商：港盛科技

　　类似于以前的 SaaS 系统，企业对于 BaaS（Blockchain as a Service）的需求正在逐渐增强，但绝大多数企业并没有自己开发区块链架构的能力，因此这类技术服务商就进入市场，并积极在各行业寻找区块链的应用结合点，并推广自己的区块链技术。这类服务商包括井通科技、众享比特、布比区块链、数秦科技等。

　　港盛科技作为全球领先的区块链金融 IT 服务解决方案提供者，专注于推动数字资产货币交易及专业化数字资产管理的发展。目前主要有两款产品：GSBOMS（经纪业务交易风控平台）和PBOMS（机构资产管理交易风控平台）。它们是针对加密数字货币交易所、机构客户和经纪商而独立设计、研发的智能化管理系统，用于管理加密数字货币的资产和控制风险。

据创始人魏琨介绍，GSBOMS 和 PBOMS 两款产品有以下三个特性：

- 多层次的账户体系：经纪账户、交易账户、业务账户、存管账户相互协同，支撑清结算、经纪等业务。
- 覆盖交易前、中、后全流程的风控体系：满足经纪商复杂的风险管理要求，保护投资者的交易安全。
- 高标准 API 接口 GSFASTAPI，支持多终端：方便客户灵活定制，平台现已支持 PC 和 Web 端，未来会推出 APP 和 PC-Pro 端。

性能方面，"BOMS+"目前的单节点支撑能力超过 10 万账户，单节点机构服务数量超过 1000 家，单节点 TPS 在 1200+（分布式并行系统），单笔订单通行速度小于 80ms。

两个平台的差异在于：GSBOMS 更偏向 SaaS 云服务，并将向 BaaS 过渡，通过金融业务通信中间件，加速信息传输和逻辑处理；PBOMS 采取独立部署的方式，更适合大型交易所，主要解决机构客户关于专业化交易管理、交易风险控制、交易业务扩容等问题。

### 港盛科技的讨论

在传统金融体系中，交易所和经纪商分工明确，业态成熟。经纪业务并非数字时代的新鲜事物，从传统金融业发端，经纪业务就作为金融体系不可或缺的中间力量而存在。从最初的信息传播、信用担保到搭建平台，随着技术的不断进步，经纪业务的多样化与规范化程度越来越高。而在数字资产管理背景下，更安全、智能化的金融 IT 解决方案也成为数字货币经纪业务的题中之义。随着数字货币行业的发展，此行业将有更多角色参与进来，包括服务商在内的分工将更加细化，经纪业务的需求将逐步凸显出来。

## 案例二　交易所技术服务商：链上科技

目前行业中比较知名的交易所技术服务商主要包括链上科技和火币云。后者只可以部署云服务器，而前者还可以部署私有化服务器。交易所属于比较细分的赛道，而且也是属于被验证过的商业模式。目前市面上已经有上万家交易所，然而竞争格局还没有确定。交易所是行业上游，行业地位较高，因此市场上仍然有很多新的入局者希望在这个领域有一席之地。

链上科技（ChainUP）是一个综合的区块链技术服务商，提供的服务包括数字资产交易系统解决方案、钱包服务系统解决方案、交易所态势感知系统解决方案，同时推出 ChainUP Cloud 区块链云计算平台，以云计算赋能区块链。但是其知名度最高的仍是其数字资产交易系统解决方案。目前已经服务过上百家交易所客户。链上的创始人之一杜均是火币的前 CMO，因此链上的交易所技术也是源自火币。目前，排名前 30 的交易所有 3 家用的是链上的交易所系统。

## 案例三　安全服务商：降维安全

### 1. 区块链安全行业概述

区块链安全问题频发，近两年来，交易所、钱包、矿池被攻击的新闻屡见不鲜，智能合约的漏洞层出不穷。作为区块链行业发展的重要配套，安全问题打击了投资者的信心，增加了潜在入场资金的顾虑，安全环境的不完善极大地制约了行业的发展。2011年以来，数字货币领域发生的安全问题造成的损失已经有30亿美元，考虑到发生频率逐渐增加，区块链安全领域将是一个巨大的市场。

### 2. 区块链安全问题频发的原因

有人说，安全频发的原因是大家安全意识不够，投入不足。这句话固然正确，但也是一句通用的套话。以结果来衡量投入的话，只要发生了问题，就可以定义为投入不足，因为如果安全意识足够强就不会发生问题。这更像是逻辑上的同义。

曲速未来的侯新杰曾说过，"事实上和传统创业公司比，现在的链圈算是比较重视安全的了。因为初创公司本来是不考虑安全因素的，它们考虑的是活下来的问题，只有大公司才会考虑安全。"其实，这个观点正确与否主要看和谁比。如果对比深交所和工商银行这样的大机构，区块链项目的安全投入确实不足，安全能力自然也无法与它们相提并论，即使是对安全最为重视的火币，其投入也无法和传统金融机构相比，传统金融机构将安全视为和业务同等重要的因素。知道创宇的BD说，"这些区块链项目干的都是大事，和它们的宏大愿景比起来，安全投入确实太少了，行业仍在初期。"

但从另一个角度说，有没有这个行业的特殊因素呢？

慢雾科技的余弦说，"行业的安全问题主要是因为，区块链行业有金融属性，同时没有国家背书。传统的银行有国家背书，有法律的强制监管，因此没人敢轻易盗取。但是数字货币是灰色地带，很多地方的法律不能将其定义为公民财产。而且盗币事件破获难度极大，黑客将盗走的比特币几经转换，再换成门罗币等小币在暗网里交易出手，极难追踪。"简单来说就是，区块链的行业犯罪成本低，但是收益高。

除去经济上的投入产出比的考量，黑客对代码及法律的理解，使其在犯罪后能轻易做到自我原谅，这也增加了犯罪的动机。

传统互联网的思维也对区块链安全颇有影响。不少区块链开发者都是从传统互联网转过来，原来的思路是"小步快跑，快速迭代"。然而由于区块链的不可篡改性，代码通常无法撤回。为赶进度或推市场的项目，常常面临代码不成熟的情况。

## 3. 安全问题的种类

安全问题本质上是一个经济问题，黑客入侵也要考虑自己的成本收益，成本高收益低的事情没有人愿意去做。在安全领域，虽然存在众多安全问题，但是从攻击者的角度看，安全价值越高的领域投入越多。因此，"人傻钱多"的部分头部交易所和知名项目方，就成了黑客的众矢之的，问题频发。由此有一个推论，并非出现安全问题多的公链和交易所更不安全，只是名不见经传的链和所，就算攻破也没收益。所以，很多漏洞都是理论上的，实际上由于考虑到成本，发生的可能性并不高。

从不同角度，安全问题有不同的分类。

按服务对象可分为四类：钱包类、交易所类、公链类、应用类。

按功能模块可分为两类：传统网络安全类、涉及私钥的安全管理。

腾讯联合安全实验室和知道创宇将区块链安全分为以下三类：自身机制安全、生态安全、使用者安全。统计数据显示，智能合约、交易所被盗、用户钱包失窃是最严重的三个问题。机制引发的安全事件数量少，但是金额大，这是最重要的问题（见下图）。

## 区块链安全事件统计

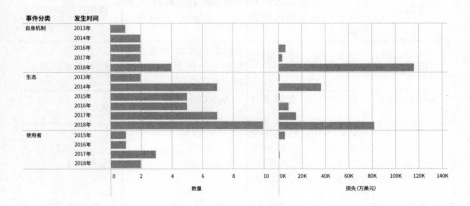

从技术结构角度，可将常见的安全问题分为四类：底层网络安全、共识机制安全、智能合约安全、区块链生态企业安全。

## 4. 行业竞争格局

该领域市面上的安全服务包括：顾问审计类、众包平台类、形式化验证类、底层芯片类。因为不同公司业务有交叉，故不按业务类型分类列表（见下表）。

| 公司名称 | 服务内容 | 合作伙伴 | 投资方 |
|---|---|---|---|
| 慢雾科技 | 交易所/钱包/链/智能合约安全审计、安全顾问、防御部署、威胁情报、漏洞赏金、安全社区 | ImToken、okex、火币、本体、myToken 等 | 无 |
| 派盾科技 | 合约审计、安全顾问 | DVP、BCSEC 等 | 高榕资本 |
| 曲速未来 | 面向设计用户管理的营销场景 | 阿里云、百度、腾讯、UCloud、天天快报等 | 百度风投、圣山资本 |
| 长亭科技 | 安全加固、顾问服务 | 火币、OK、布比、云象区块链等 | 经纬中国、清华团队 |
| 知道创宇 | 提供合约、公链、钱包、区块链浏览器的审计和顾问服务以及整体解决方案 | Bit-z、ImToken、星云链、Fcoin、初链等 | 腾讯（已经控股） |
| 白帽汇 | 安全加固、安全顾问等 | 国家信息技术安全研究中心、阿里巴巴、华为、奇点金融 | 丹华资本、Apus |
| 360 区块链安全 | 安全加固、合约审计等 | Oracle Chain 欧链、DBank 等 | 无 |
| 降维 | 安全评估、钱包安全测试/审计、交易所安全审计、智能合约审计、公链安全审计、DAPP 安全评估等 | 谷安天下 | 节点资本 |
| Hackerone | 全球最大的漏洞交易平台、安全社区 | 美国国防部、Twitter、Airbnb、Uber、Yelp、Qualcomm | Dragoneer Investment Group、Benchmark |

（续）

| 公司名称 | 服务内容 | 合作伙伴 | 投资方 |
|---|---|---|---|
| 趋势科技 | 零日计划是母公司趋势科技旗下的漏洞披露平台 | Adobe、微软、惠普、Foxit | 无 |
| Freebuf | 白帽众测平台，是安全界的新媒体，有流量优势 | Docker | 无 |
| Security Chain | 安全社区，发布安全产品，安全信息共享，自研底层芯片 | 英国科研机构 | JRR、创世资本、共识实验室、回向基金 |
| 哨兵协议 | ICON上的第一个应用，建立威胁信息数据库，收集黑客的钱包地址、恶意URL、网络钓鱼地址、恶意软件哈希等 | Kyber network、Coin-manager、ImToken、zipper | Hashed、Kenetic、Ginco软银韩国、Signum |
| Certik | 综合证明引擎＋赏金猎人。将大问题拆分为小问题，发送到社区，开发者来验证 | 币安、IBM、BCG、Bitmain、OKEX、NKN等 | 节点资本、经纬中国 |
| 链安 | 形式化验证工具＋人工审核 | Huobi、OKEX、Kuloin、LBank、ONT、Qtum、比原链、麦子钱包等 | 分布式资本、界石资本、盘古创富等 |
| Quoinblock | 开发自己的语言，验证平台上的合约，自动化程度高 | N/A | Krypital Capital、Roaming Capital |

　　降维安全实验室（Johnwick.io）秉承"降维思考，知攻善防"的理念，专注构建区块链安全生态，核心成员来自乌云、百度安全、360企业安全、看雪研究院等国内著名安全团队。实验室以数字资产为核心切入点，围绕资产评估、流通与存储为区块链节点提供全方位安全方案，包括为全球数字资产

交易所及钱包提供可信评估测试、威胁情报安全社区、资产安全态势感知等解决方案。目前其独创的深度神经网络代码审计引擎，可高效、可靠地对智能合约进行安全审计，自主研发的"智子"区块链安全威胁预警监控系统已监控数千个上链合约。降维安全实验室提供的合约审计报告可在多平台交易所通用，其通过审计的合约超 300 份，并已入选以太坊官方智能合约审计合作机构，与火币、ZB、FCoin、Coinsuper、CoinTiger、BikiCoin、KuCoin、BHEX、DragonEx、Bit.CC、ChainUP、币信等上百家区块链安全生态伙伴建立了深度合作关系。其业务主要包括漏洞交易平台、合约审计、链上数据监控、安全审计、防御部署、渗透测试等。

　　安全问题本质上是成本问题，如果攻击的成本高、获益小，自然就没有黑客愿意攻击。如果攻击成本低、获益高，自然就更能引起黑客注意，损失的概率也就大大增加。区块链安全和传统互联网安全的差异在于，区块链离钱更近、金融属性更高，但是没有国家背书，因此黑客攻击的法律成本相对较低。另外，相比传统互联网公司的安全，区块链安全的必要性更高。传统企业都是做大了才去考虑安全维护，或是迫于合规需要才做安全的投入，而区块链安全的必要性要高得多，对于一个项目或交易所而言，安全事件往往会造成致命的结果。比如曾经的 Mt. got 交易所，盗币事件直接导致其破产。又如 BEC 的溢出漏洞，也导致其币值暴跌，共识坍塌。有个形象的比喻："区块链每爆发一次安全事故，都相当于抢一次银行。"从这个角度看，区块链的安全市场确实是一个很大的市场，而对于行业的发展也起到了重要的作用。对于众多的安全服务公司，考验能力的是经验，是深耕行业多年而积累的漏洞库。但攻击的角度永远是多维的、不可预知的，因此，对团队的安全能力和攻防能力要求甚高。

# 第 3 节　区块链产业技术服务前景

区块链的落地离不开生态基础设施的完善。行业的发展，除了原生技术的发展，周边配套也是必不可少的。交易所、钱包、安全服务都属于行业中的重点生态企业。从某种程度上看，技术服务商是区块链世界和传统世界连接的窗口，也是区块链落地找寻落地应用的积极推动者。比如作为联盟链、公链技术开发的先行者井通科技，已与多家政府和公司签订战略合作，推广区块链的技术落地。目前来看，在登记、存证、结算等领域已经可以使用联盟链实现一些初级的应用。安全是行业发展的防火墙，就和买保险一样，正常人都不希望出险，然而从整体上看这是不可避免的。安全问题频发极大地影响了人们对于早期区块链发展的信心，如果没有现在的降维、慢雾科技这样的安全公司，交易所和钱包的盗窃事件可能会更多。无论是交易所、安全服务还是技术输出，区块链产业技术服务商的发展既反映了行业的技术发展水平，也推动了行业的技术落地和不断自我革新。

# 侧链 / 跨链行业研究报告

在不断推进区块链技术快速发展的同时，我们面临的一个关键瓶颈是如何提高交易的吞吐量和交易的速度问题，随后各种解决方案应运而生。附录 A 介绍了侧链和跨链的定义以及发展历史，分析了侧链的痛点以及区块链技术和痛点的相关性，并根据目前已上市的币种 / 产品信息来对应用的技术方案以及侧链技术的投资逻辑进行分析，最后对侧链 / 跨链的未来进行了展望。

## 一、侧链

### 1. 侧链的概念

早在比特币诞生初期，人们就意识到比特币在转账速度、容量以及智能合约等方面的不足，如果说能建立比特币账本的一个副本，就像以前许多法定货币由黄金担保一样，在需要的时候资产可以在两个区块链之间相互转换，就可以加速比特币或者其他数字资产的流动性。侧链在继续基于公共区块链的比特币信用证明的同时，也能支持完成一些更为复杂的应用操作。

侧链也使用比特币作为系统货币，其实质是通过"双向锚定"机制实现主链货币价值向侧链体系的转移，从而在侧链上使用这部分从主链转移过来的货币价值。至于以这部分主链货币价值背书而产生、发行的侧链货币的名称，则可以按需自由命名。

侧链协议可以帮助比特币在其他区块链上流通，其应用范围和应用前景会更加广泛。有创意的人会研发出各种各样的应用，以侧链协议与比特币主链对接，使得比特币这种基准自由货币的地位越来越牢固。

### 2. 侧链的历史

侧链协议产生的原动力其实来源于其他区块链的创新威胁。第一，以太坊（Ethereum）、比特股（Bitshares）等更快、更智能的区块链对比特币产生相当大的威胁，智能合约和各种去中心化应用在以上两个区块链上兴起，受到人们欢迎；基于比特币的应用则因为开发难度大而项目不多。第二，基于比特币也有合约币（Counterparty）、万事达币（Mastercoin）和彩色币（ColoredCoin）等附生链，但是比特币核心开发组并不欢迎它们，觉得它们降低了比特币区块链的安全性。他们曾经一度把OP_RETURN的数据区减少到40字节，逼迫合约币开发团队改用其他方式在比特币交易中附带数据。第三，2014年7月以太坊众筹时，获得了价值1.4亿元人民币的比特币，还有20%的以太币，开发团队获得了巨大的回报。但是比特币核心开发组并没有因为他们的辛勤工作获得可观回报，因而他们成立了BlockStream，拟实现商业化价值。基于以上三个原因，研发团队提出侧链协议，把比特币转出其区块链，另行开发二代区块链。这样的选择既能保证比特币区块链的安全，又能应对二代币的冲击，还能针对不同应用场景实现商业化，因而成了BlockStream 的必然选择。

### 3. 双向挂钩技术

双向挂钩（2WP）是侧链实现的核心原理。它允许将比特币从主区块链转移到辅助区块链，反之亦然。转移实际上是一种错觉：比特币其实并没有转移，但在主区块链上被暂时锁定，同时在辅助区块链上有相同数量的等价代币被解锁。当等量的代币在辅助区块链上被再次锁定时，原先的比特币就会被解锁。这实质上就是双向挂钩所要实现的功能。这一功能的问题是，理论上只有当辅助区块链最终结算时才能被实现。因此，任何双向挂钩系统必须做出妥协，并且依据假设双向挂钩相关参与者是诚实的。最重要的假设是，主要的区块链是无须审查的，而且大多数比特币矿工都是诚实的。另一个需要的假设可能是，大多数监管锁定比特币的第三方也是诚实的。如果这些假设不成立，则比特币及等效辅助区块链的代币可以被同时解锁，那么恶意的双花就变得可行了。任何双向挂钩系统都必须选择一种措施，使得被假设诚实的各方都能在经济和法律约束下依章办事。这包括分析这些关键方对区块链网络进行攻击的成本及后果。双向挂钩实施的安全性取决于激励机制，以便参与双向挂钩系统的关键方能够真正执行双向挂钩所应实现功能。

双向挂钩技术可通过以下五种模式实现：单一托管模式、

联盟模式、SPV 模式、驱动链模式和混合模式（见下表）。

| | 概　念 | 优　点 | 缺　点 |
|---|---|---|---|
| 单一托管模式 | 将数字资产发送到一个主链单一托管方（类似于交易所），当单一托管方收到相关信息后，就在侧链上激活相应数字资产 | 不需要对现有的比特币协议进行任何改变 | 过于中心化 |
| 联盟模式 | 使用公证人联盟来取代单一的保管方，利用公证人联盟的多重签名对侧链的数字资产流动进行确认 | 不需要对现有的比特币协议进行任何改变。要想盗窃主链上冻结的数字资产，需要突破更多的机构 | 侧链安全仍然取决于公证人联盟的诚实度 |
| SPV模式 | 用户将数字资产发送到主链的一个特殊地址，以锁定主链的数字资产，随后会创建一个 SPV 证明并发送到侧链上。此刻，一个对应的带有 SPV 证明的交易会出现在侧链上，同时验证主链上的数字资产已经被锁住，然后就可以在侧链上打开具有相同价值的另一种数字资产，这种数字资产的使用和改变随后会被送回主链。当这种数字资产返回到主链上时，该过程会重复 | 安全性增强，小额的交易通过走侧链的方式可以更好地隐蔽拥有大量存储价值的主账户地址；侧链可以分担主链上的交易负担，增快交易速度；智能合约可以更好地实现并保护交易过程，保证交易的稳定性 | 需要对主链进行软分叉 |
| 驱动链模式 | 矿工作为算法代理监护人，监管被锁定数字资产，投票决定何时解锁数字资产和将解锁的数字资产发送到何处 | 矿工在驱动链中的参与程度越高，系统安全性越大 | 需要对主链进行软分叉 |
| 混合模式 | 在主链和侧链上使用不同的解锁方式 | 在主链和侧链上采用不同的模式，有效提高了处理效率 | 需要对主链进行软分叉 |

# 二、跨链

## 1. 跨链的概念

区块链是分布式总账的一种。一条区块链就是一个独立的账本，两条不同的链，就是两个不同的独立账本，两个账本没有关联。本质上，价值没有办法在账本间转移，但是对于具体的某个用户，其在一条区块链上存储的价值，能够变成另一条链上的价值，这就是价值的流通。

跨链，顾名思义，就是通过一个技术，能让价值跨过链和链之间的障碍，进行直接的流通。跨链本质上和货币兑换是一样的，它并没有改变每个区块链上的价值总额，只是在不同的持有人之间进行了兑换而已。跨链技术的核心要素之一是：帮助一条链上的用户 Alice 找到另一条链上的愿意进行兑换的用户 Bob。从业务角度看，跨链技术就是一个交易所，让用户能够到交易所里进行跨链交易。

进行数字货币的交易所很早就出现了，最早交易所进行的是法币（国家发行的货币）与比特币之间的兑换。后来随着数字货币的种类越来越多，很多交易所也开始进行不同类型的数字货币之间的兑换，这就是一种跨链价值转移的实现。

鉴于已经发生的多起交易所盗币、跑路的问题，单个人或者机构的信用都不足以支撑大额交易。因此，出现了无中心交易所技术——用区块链技术解决跨链时的信用难题。当交易所由多个主体共同运行，或者干脆是一个公有链，任何人都能参与到这个交易所的运行中，那么，跑路的风险就大大降低了。

## 2. 解构四种跨链技术

四种主流的跨链技术：

（1）公证人机制（notary scheme）；

（2）侧链 / 中继（sidechain/relay）；

（3）哈希锁定（hash-locking）；

（4）分布式私钥控制（distributed private key control）。

四种模式的性能对比见下表：

| 性能 | 公证人模式 | 侧链 / 中继 | 哈希锁定 | 分布式私钥控制 |
|---|---|---|---|---|
| 互操作性 | 所有 | 所有（需要所有链上都有中继，否则只支持单向） | 只有交叉依赖 | 所有 |
| 信任模型 | 多数公证人支持 | 链不会失败或者受到 51% 攻击 | 链不会失败或者受到 51% 攻击 | 链不会失败或者受到 51% 攻击 |
| 适用跨链交换 | 支持 | 支持 | 支持 | 支持 |
| 适用跨链资产转换 | 支持（需要共同的长期公证人信任） | 支持 | 不支持 | 支持 |
| 适用跨链Oracles | 支持 | 支持 | 不直接支持 | 支持 |
| 适用跨链资产抵押 | 支持 | 支持 | 大多数支持但是有难度 | 支持 |
| 实现难度 | 中等 | 难 | 容易 | 中等 |
| 多种币智能合约 | 困难 | 困难 | 不支持 | 支持 |

四种模式的对比见下表：

| 对比 | 公证人模式 | 侧链／中继 | 哈希锁定 | 分布式私钥控制 |
|---|---|---|---|---|
| 工作流程 | 在公证人模式中，使用受信任的一个或者多个组团体既可以自行监听和响应事件，也可以在被要求时监听和响应事件 | 假设区块链拥有区块链头，链头中拥有区块头等证明信息，可以将链A的区块声明另一链上发生了某件事，或者确定该声明是正确的。这些团体声明确定Merkle分块中，链B使用和链A一样的共识验证方法，链B就可以通过Merkle分支的证明信息验证未支付的候选事件的数据和操作 | A生成随机数 $S$，并发送 hash($S$)给 B。A 在链 LA 上锁定币，并设定条件：如果在时间 $2X=T_A$ 时间内链 LA 收到 $S$，则转账给 B，否则退回给 A。B 收到 hash($S$)后在链 LB 上锁定币，并设定条件：如果在 $T_A-X$ 时间内链 LB 收到 $S$，则转账回给 B。A 看见 B 的锁定后，在 $T_A-X$ 时间内发送 $S$ 给链 LB，得到链 LB 的币。B 收到 $S$ 后，在 $T_A$ 时间内发送 $S$ 到链 LA，得到链 LA 的币 | 利用一个基于协议的内置资产模板，根据跨链交易信息部署新的智能合约，创建新的资产。当一种已注册资产由原有链转移到新链上时，跨链节点会为用户在已有合约中发放相应等值代币，确保了原有链资产在跨链上依然可以互相交易流通 |
| 模式特点 | 假设 A 和 B 是不能进行互相信任的，那就引入 A 和 B 都能够共同信任的第三方公证人。其证人，那么 A 可以互相信任。相反，一个顶层加密托管系统，被称为"连接者"，在这个中介机构的帮助下，让资金在各账本间流动 | 如果一个链 B 能拥有另外一个链 A 的所有功能，那就称侧链 B 为链 A 的主链。其中主链 A 并不知道侧链 B 的存在，侧链 B 知道链 A 的存在。中继是链与链之间的通道，如果是区块链，那就说本身是侧链本身是一个链。侧链和中继目前应用相对多的两种模式 | 哈希锁定起源于比特币闪电网络的小额快速支付，它的关键技术"哈希时间锁合约"被应用到跨链技术上来 | 委托去中心化的网络掌管用户私钥，事实上用户同时还掌握了自身代理资产的那部分私钥，所以这笔资产并没有离开用户的掌控，它并没有像中心化的交易所一样，完全由第三方来掌握这笔资产 |

| | | | | |
|---|---|---|---|---|
| **优点** | 既可以提供灵活共活识的主要竞争者，也无须进行昂贵的工作证明或关于利益机制的复杂认证，是链与链之间相互操作最简单的方法 | 支持跨链资产交换及转移，以及跨链合约和资产抵押 | 使链与链之间可以尽可能少地了解彼此，并作为消除公证人信任的手段 | 用户并没有失去对这笔资产的控制权，拥有私钥才拥有对这笔资产的控制权 |
| **缺点** | 这种模式和区块链的去中心化理念存在一些冲突，所以很多人不认为它是一种中心化的产物 | 侧链从技术层面讲实现很难 | 虽然哈希锁定实现了跨链资产的交换，大部分场景能够支持资产抵押，但是没有实现跨链资产的转移，更不能实现这种跨链合约，所以它的应用场景是相对受限的 | 智能合约还需要多方面实现 |
| **典型项目** | Corda, Interledger | 侧链：BTC-Relay 中继：Polkadot, Cosmos | 闪电网络 | Wanchain, Fusion, EKT |

### 3. 跨链技术的应用

（1）可转移的资产：资产可以多链之间来回转移和使用。

（2）原子交易：链间资产的同时交换。

（3）跨链数据预言机：链 A 需要得知链 B 的数据的证明。

（4）跨链执行合约：例如根据链 A 的股权证明在链 B 上分发股息。

（5）跨链交易所：对于协议不直接支持跨链操作的区块链进行补充。

## 三、跨链 / 侧链的优势与问题

### 1. 跨链与侧链的关系

早期的开源侧链项目，比如 blockstream 的元素链，使用比特币双向挂钩技术，它是跨链的雏形。后来的 BTC-Relay（一种基于以太坊区块链的智能合约），是通过跨链将比特币和以太坊连接起来的技术。早期的项目主要关注资产的转移，如今的跨链项目则更多关注链状态的转移，这就形成了各个跨链技术今天的格局。一般的侧链服务于主链，而跨链是链之间价值和功能的连通，可以说侧链与跨链在技术内容上大体相似，只在谈到它们所服务的对象时才需要做细致的区分。

### 2. 跨链与侧链的优势

为了解决公有链的低吞吐量带来的高手续费、网络拥塞等诸多问题，很多团队都很有预见性地提出了相应的优化方案。

从现有技术实现的角度来说，基本分为三种：侧链、分片和DAG。

三种技术对比见下表：

| 对比 | 侧链 | 分片 | DAG |
|---|---|---|---|
| 技术定义 | 为解决比特币拥堵问题提出的一种跨区块链的解决方案，可以让比特币安全地在主链与其他区块链之间转移 | 是一种传统数据库的技术，它将大型数据库分成更小、更快、更容易管理的部分 | 有向无环图，是计算机领域一个常用的数据结构，因为独特的拓扑结构所带来的一些特性，经常被用于处理动态规划、导航、数据压缩等场景中 |
| 工作流程 | 侧链是以锚定比特币为基础的新型区块链，旨在以融合的方式实现加密货币金融生态，使用户可以在具有不同规则设定的、基于比特币的区块链上转移比特币 | 将区块链网络划分成若干能够处理交易的较小组件，以实现每秒处理数千笔交易的支付系统。应用到区块链当中会相当复杂 | DAG摒弃了区块的概念，交易直接进入全网中，速度比需要出块的区块链快很多。DAG把交易确认的环境直接下放给交易本身，无须由矿工打包成区块后同意交易。所以DAG网络中没有矿工的角色，也因此不会出现矿工激励机制所带来的价格竞争，只需要极低的手续费，适合小额、高频交易 |
| 典型项目 | 闪电网络，RootStock | 以太坊，EOS（Region） | IOTA，Dagcoin，Byteball |

**安全性增强**

以侧链的方式进行小额交易，可以更好地隐藏拥有大量存储价值的主账户地址。

**速度更快**

现在比特币/以太坊转账速度已经达到瓶颈，2017 年 12

月高峰时比特币主网曾经滞留 20 万笔未确认交易，突破了历史记录。大部分链上转账其实都是小额交易，把这部分交易转到侧链，既可以加快转账速度，又可以减轻主网的压力。

**智能合约**

侧链还可以在锁定主网价值的同时开发智能合约的功能。如果比特币自身就拥有智能合约，那么现在以太坊等众多公链的存在价值将大大降低，大多数的预言机相关应用都可以回归比特币，促进数字货币在比较统一的框架体系下发展。

**扩展应用范围**

侧链是以融合的方式实现加密货币金融生态，而不是像其他加密货币一样排斥现有的系统。利用侧链，我们可以轻松地建立各种智能化的金融合约、股票、期货、衍生品等。你可以有成千上万个锚定到比特币的侧链，其特性和目的各不相同，所有这些侧链依赖于一种主区块链保障的弹性和稀缺性。在这个基础上，侧链技术进一步扩展了区块链技术的应用范围和创新空间，使传统区块链可以支持多种资产类型，以及小微支付、智能合约、安全处理机制、财产注册等，并可以增强区块链的隐私保护。

### 3. 侧链 / 跨链目前的问题

**侧链攻击问题**

在侧链方案中攻击者只需要破坏最薄弱的侧链，就可以破坏整个网络。一旦在某个侧链完成 51% 攻击，就可以创建一个（假的）最长侧链，用伪造的侧链币兑换主链中的比特币。问题的根源是侧链不共享同一个公共块历史。这意味着，从一个侧链到另一个侧链转移币的过程中，大部分侧链方案仅仅依赖所谓的 SPV 证明（注：简化交易验证，一种轻量钱包使用的验证机制），它只检查所涉及的币是否来自已知的最长链，而并不追溯币的历史来源至创世区块。这种 SPV 证明运行在轻钱包内部，安全标准远低于比特币网络。而在侧链方案中，一个 51% 攻击者不仅可以双花一笔交易，甚至可以凭空制造侧链币。

### 合并挖矿带来中心化挖矿

解决侧链攻击问题的一个办法是合并挖矿，以确保所有侧链同时以相同哈希概率开采。合并挖矿的情形下，所有侧链使用相同的哈希算法，这样可以在同一时刻为两个侧链生成工作量证明。矿工只需要一次哈希运算就有相同概率完成两个工作量证明。这看上去好像巧妙地化解了侧链的缺陷，遗憾的是没有那么简单。合并挖矿要求矿工运行所有侧链的完整节点，这就会造成中心化挖矿的趋势，这是我们所不愿意看到的。此外，如果任意侧链受到 51% 攻击，风险依旧存在。

### 侧链的中心化问题

从用户的角度来看，转账速度、操作顺畅、高可用性是关注的重点。考虑到公链在区块大小、转账速度、手续费等方面的局限性，侧链可以在其上打开一个快速流动的通道。但由此引发的中心化 / 去中心化的争论也长期难有定论。

### 跨链的稳定性有待提高

跨链的意义在于能够不经过中心化的交易所就能直接转换不同公链之间的价值，但其稳定性和转账速度仍然是用户现在使用的最大障碍。

# 四、跨链 / 侧链项目具体分析

## 1. 跨链 / 侧链项目一览

| 名称 | 交易量排名 | 流通市值（亿元） | 项目介绍 |
|------|------|------|------|
| Lisk（侧链技术） | 19 | 80.55 | Lisk 是一个基于 Node.js 与 JavaScript、建立于区块链技术之上的应用平台，开发者可以通过官方提供的 SDK，使用 JavaScript 语言在 Lisk 平台上开发自己的区块链 APP。未来必定是中心化应用与去中心化应用共存的时代，Lisk 提供了一种简单、易行的方式，让开发者可以快速地在区块链上建立自己的应用 |
| EKT（分布式私钥控制 + 侧链） | 45 | 5.83 | EKT 设计了一套独特的多链架构。在这套多链架构中，除了 EKT 的主链外，还支持多条并行的主链，每条主链都有一个主币。不同的主链可以采取不同的共识机制，不同主链的资产通过 EKT 的大钱包可以自由地在整个 EKT 生态中流通 |
| Asch（侧链技术） | 129 | 4.90 | Asch 是一个去中心化的应用平台，其设计初衷是为了降低开发者的门槛，比如使用 JavaScript 作为应用编程语言，支持关系数据库来存储交易数据，使得开发一个 DAPP 与传统的 Web 应用非常相似。相信这对开发者和中小型企业有很大的吸引力，只有开发者的生产力提高了，整个平台的生态才能迅速繁荣起来 |
| RDN（侧链技术） | 125 | 4.68 | 雷电网络（RaiDen Network，RDN）是一个链外扩展解决方案，其代币运行在以太坊上，基于 ERC-20。雷电网络目前正在运行中，支持即时转账、低成本、可扩展和保护隐私。雷电网络是以太坊区块链上的基础设施层，虽然基本的出发点很简单，但底层协议相当复杂，实现起来也不容易。尽管如此，技术仍可以被抽象出来，使开发人员可以用一个相当简单的 API 基于网络构建可扩展的分散式应用程序 |

（续）

| 名称 | 交易量排名 | 流通市值（亿元） | 项目介绍 |
|---|---|---|---|
| RSK（侧链技术） | 未上市 | 未上市 | RSK 是一个建立在比特币区块链上的智能合约分布式平台。它的目标是将复杂的智能合约实施为一个侧链，为核心比特币网络增加价值和功能。它实现了以太坊虚拟机的一个改进版本，作为比特币的一个侧链，使用了一种可转换为比特币的代币作为智能合约的"燃料" |
| Lightning Network（哈希锁定） | — | — | Lightning Network（闪电网络）提供了一个可扩展的比特币微支付通道网络，极大地提升了比特币网络链外的交易处理能力。交易双方若在区块链上预先设有支付通道，就可以多次、高频、双向地实现快速确认的微支付；双方若无直接的点对点支付通道，只要网络中存在一条连通双方的、由多个支付通道构成的支付路径，就可以利用这条支付路径实现资金在双方之间的可靠转移 |
| Go Network（哈希锁定） | 未上市 | 未上市 | GoNetwork 是专门针对移动端以太坊平台上高度可扩容的数字货币平台，其转账速度快，低成本，低延时 |
| Polkadot（中继技术） | 未上市 | 未上市 | Polkadot 是由原以太坊主要核心开发者推出的公有链，旨在解决当今两大阻止区块链技术传播与接受的难题：即时拓展性和延伸性。Polkadot 计划将私有链/联盟链融入公有链的共识网络中，同时又能保持私有链/联盟链原有的数据隐私和许可使用的特性。它可以将多个区块链互相连接 |
| Cosmos（中继技术） | 未上市 | 未上市 | Cosmos 是 Tendermint 团队推出的一个支持跨链交互的异构网络，采用 Tendermint 共识算法，是一个类似实用拜占庭容错的共识引擎，具有高性能、一致性等特点，而且在其严格的分叉责任制保证下，能够防止怀有恶意的参与者做出不当操作 |

## 2. 重点项目对比分析

| 对比 | Lisk | EKT | Asch | RDN | RSK | Lighting network |
|---|---|---|---|---|---|---|
| 开发阶段 | 投入使用 | 还未落地 | 投入使用 | 投入使用 | 还未落地 | 还未落地 |
| 项目目标 | 致力于降低区块链应用开发门槛，开发者可以用JavaScript来开发区块链应用 | 致力于降低开发DAPP的门槛，降低DAPP的延迟，为DAPP提供良好的运行环境支持 | 旨在降低开发人员的进入门槛，致力于打造一个易于使用、功能完备、即插即用的系统 | 是打造类似以太坊一样的去中心化的、图灵完备的智能合约平台 | 专注于金融、公共管理、物联网和物联网业的过程，优化跨行业的过程 | 建立无须信任对方以及第三方即可实现实时海量交易的平台 |
| 共识机制 | DPOS | DPOS | DPOS | DPOS | POW结合图灵 | DPOS |
| 项目特色 | Lisk主链提供了稳定性和安全性，而侧链则具有无限的灵活性。Lisk为开发者提供了一个完全控制的环境来创建自己的区块链网络，入口简单，不必从头开始创建区块链网络。开发者可以完全实现和定制他们的区块链应用程序 | 把Token和DAPP分开，Token链多链，DAPP的共识机制可以实现大部分事件的秒级确认与传播，可以做到与传统互联网的延迟没有太大的差异 | Asch提供了一套完整的开发者平台及SDK。Asch引入了新的PBFT（实用拜占庭容错）机制，在对节点控制力上有提升 | 增强了以太坊的可扩展性，每秒吞吐量达到100万次，这将是质的突破 | 是首个由比特币网络担保的通用智能合约平台，它将一个图灵完备的虚拟机合并增加了比特币，并增加了网络的性能，如更快更容易，无须受区块交易处理速度的限制，在对节点控制力上有提升 | 支付速度快，无须在拥堵的主链上等待自己的交易确认。使用闪电网络的交易是在链下执行的，交易效率高，无须记账速度的限制。TPS可达百万甚至千万级 |

| | | | | | |
|---|---|---|---|---|---|
| **工作流程** | 开发者可以基于自己的区块网络和 LSK 代币，部署链接到自己的侧链，在一个平台上完成从设计、开发、发布到货币化的所有步骤 | 提供发行 Token 和链的支持，用户可以根据自己的需求选择不同的共识机制。对于想要开发 DAPP 的用户，可以使用 EKT 提供的 SDK 开发，每个 DAPP 都是独立的一条链，不同 DAPP 之间互相隔离且共享用户 | Asch 平台提供的服务包括一个公链和一套应用 SDK。这个公链为主链，对用户、可以使用 Asch 的 SDK 开发，使用 Asch 的 SDK 可以开发出拥有独立的不可篡改账本的区块链应用 | 在以太坊上建有一个需要在以太坊区块链上开设通道并各自锁定以太坊。这步动作可通过向雷电智能合约发送的报文来实现。报文中的关键信息包括双方公钥、锁定资产数量、双方签名 | 当比特币转换到 RSK 上时，在比特币区块链上锁定部分比特币，同时在 RSK 上释放并等量的代币。当从比特币换回比特币时，再次在 RSK 上锁定代币，同时在比特币区块链上释放等量的比特币。通过相同的比特币在等量保证安全协议保证两条区块链上同时不会释放。序列到期可撤销合约，RSMC 解决了链下交易的确认问题，并以哈希时间锁定合约，HTLC 解决了支付通道的问题 |
| **技术模式** | Lisk 是去中心化的区块网络，有自己的区块网络，用于帮助开发者创建各种各样的自定义侧链 | Token 链的多链架构提供了互相隔离但共享用户的功能，不同用户的资产可以自由地在整个生态中流通。提供了一个高 TPS 的方案。提供了与传统互联网类似的编程语言，可以帮助开发者开发复杂的 DAPP | 应用 SDK 内置了跨链协议，通过该协议可以与主链进行资产互通，也就是说主链承担了资产路由的功能，通过资产路由，各应用之间可以实现多种资产的流转。其生态体系资产包含多条链，每个链可以承载多个代币或资产，每个代币或资产也可以转入多条链上 | 提供了一个可扩展的比特币微支付网络，极大地提升了比特币网络的交易处理能力 | 与比特币双向挂钩，当比特币转移到 RSK 中，比特币会在比特币区块链被锁定在比特币区块链协议中，并且在 RSK 的同样的代币的数量在解锁中解锁。基于微支付通道（双向支付通道）演进而来，在比特币主链以外再设一个通道，让用户的代币（数字货币）在这个通道上可以进行快速支付 |

# 五、跨链 / 侧链的投资逻辑

## 1. 项目技术的创新性

跨链技术虽然被大众所熟知，但目前还没有社区普遍承认和使用的项目，因此不算是成熟的技术。在稳定性和安全性上还不能和传统的公链技术相媲美，尤其是跨链 / 侧链从技术上讲较难实现，很多这类项目和应用目前很少落地，现有的区块链跨链项目团队的技术经验还有许多不足之处。

## 2. 项目成败的关键

虽然已经落地的项目不多，但我们可以看出，采用跨链 / 侧链技术的项目大体都是相同的机制，那么使项目脱颖而出的关键在于其性能和项目进展速度，能在短时间内开发出高可用性的跨链，将是以后跨链项目成败的关键。

## 3. 技术上实现的可能性

跨链技术的实现需要很多机制和合约的制约和保障，能够保证项目在跨链技术下稳定运行是成为一个值得投资的项目的关键。

## 4. 经济激励模型的设计

仔细考察其经济激励模型是否足以支撑初期社区冷启动，并在后期形成正反馈生态。

## 5. 社群运营能力

从长期考察团队是否有社区运营能力，并能否通过社区形成网络效应，进而提高项目性能。

### 6. 服务质量是否能达到商业级别

存储的可靠性、可用性，最终都需要经过市场的检验。目前大部分跨链项目和应用离商业可用性还有很大距离，怎样解决各区块链在统一的标准下进行跨链联系的问题？如何制定合理的智能合约？如果能在这些方面设计出比较好的解决方案，就能成为这个行业里具有强竞争力的项目。

## 六、跨链 / 侧链的未来展望

### 1. 交易速度加快，主链负担减轻

所有的交易记录都被锁定在主链上，而各种区块链应用的代码和数据都可以独立保存在侧链中，这样就可以分担主链上的交易，使交易在侧链上完成并发生转移，主链不容易产生交易拥堵，从而提升了交易速度。

### 2. 多条侧链并行处理，实现完全去中心化交易

主链可以通过智能合约链接多条侧链，可以实现数据去中心化并且并行处理，这样一来，不单单在速度方面使项目性能有所提升，而且交易数据可以完全实现去中心化，也实现了区块链之间的搭建，区块之间不再是独立的个体，而是真正实现了数据在分块之后依然是可联系的。

### 3. 安全性得到保障

万一侧链出现代码漏洞，主链不会受到影响，因为去中心化的机制，部分数据的丢失对整体并无影响，交易记录一旦发

生就被锁定在链上，用户不用担心丢失或篡改等问题。

### 4.扩展空间，增强隐私保护

跨链 / 侧链技术的引入进一步扩展了区块链技术的应用范围和创新空间，使传统区块链可以支持多种资产类型，以及小微支付、智能合约、安全处理机制、财产注册等，并可以增强区块链的隐私保护。

总的来说，在这场区块链大浪潮下，侧链与跨链作为提高区块链性能的重要手段，一直受到核心开发者的重视，无论从作为技术研究还是投资的角度，跨链 / 侧链的发展都值得进一步关注。

# 状态通道专题研究

状态通道是区块链扩容的热门方向之一，也是目前投资的热点。状态通道与子链、侧链等一起被归类为 Layer 2 的扩容方案。同时，状态通道也是实现跨链互通性的潜在途径。对于许多纯粹的去中心化的信仰者来说，状态通道可以在保证 Layer 1 完全去中心化的前提下，在 Layer 2 将交易提速到 DAPP 可以大规模应用的性能量级，因此该方向是比特币、以太坊等以牺牲性能来保证去中心化的公链扩容的关键。

## 一、状态通道的概念

状态通道领域的总体思路是将本来在链上结算的交易，在链下通过状态通道维护中间态，并且在发生纠纷时回到链上仲裁。链上仲裁的公平性和安全性在博弈论上保证了链下交易的对手不会作恶。

状态通道的交易流程一般如下：交易对手将一定的链上状态锁定在链上，然后在链下开辟状态通道进行状态交换，以实现零手续费及瞬时到账等特性，同时允许参与者在对手作恶时将之前的状态提交回链上仲裁，以保证链下交易的安全性。一般来说，链上状态锁定的方式是多重签名钱包。

状态通道的思想很大程度上类似于淘宝卖家的信用担保：卖家支付一定的押金抵押给平台，买家在收到货物之前先支付货款给平台，如果收到货物一段时间之后没有提出异议，货款就放行给卖家，如果没有按交易规则收到货物，买家可以提出平台仲裁。所不同的是，原有中心化平台的功能，包括接受抵押款、履行交易规则、异议仲裁、链上结算等都由智能合约执行。

在应用中，一条状态通道可以由双方共同开启，也可以由多方共同开启。多方开启的通道可以应用于需要多人参与的DAPP，比如卡牌类游戏。

## 二、状态通道的几个层级

状态通道也分几个层级，对应着不同程度的链上功能替代度，概括于下图中。

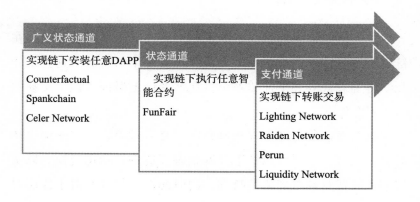

支付通道可以实现链下转账交易，这也是目前正在落地中的应用。由支付通道形成的支付网络，可以通过通道间的虚拟连接在任意两个节点间实现瞬时转账。

状态通道可以将任何已经部署到链上的图灵完备智能合约放到链下执行，这样智能合约在执行的过程中不需要消耗 Gas，而且速度极快。

广义状态通道是该领域最前沿的方向，即允许在已开辟的状态通道中安装、运行和终止 DAPP 而不用执行任何链上操作。这是状态通道的终极目标。

## 三、状态通道类项目的问题

### 1. 保证金锁定的成本

目前状态通道类项目最大的挑战是需要锁定大量保证金。举例来说，如果平均每笔交易金额为 1 个比特币，网络上有 1 万个节点，那么每个节点至少得存一个比特币作为保证金，总共就需要 1 万个比特币。这么大额的保证金的机会成本是非常高昂的，所以状态通道尽管在技术上实现了零手续费，仍然无法在经济模型上实现零交易费用。

### 2. 状态通道平衡

此外，状态通道平衡也是一个很大的技术挑战。举例来说，两个节点 A 和 B 之间，从 A 到 B 的交易和从 B 到 A 的交易总量只有相等的时候，A 和 B 才能达到均衡的状态，不会有其中一方的金额逐渐变为 0。一旦一个通道的一方金额变为 0，那么这个通道就会变成单向的，反向交易就不能继续进行，从而影响网络的连通性。

### 3. 节点掉线的状态维护

状态通道的维护要求节点一定要在线，如果发生了节点被攻击或自行下线，那么原来的状态会发生丢失。比如，在游戏的过程中，落后的一方有可能选择自行下线，或者把领先一方 DDoS 下线。因此，状态通道需要额外的机制来保证节点在下线时能维护原来的状态。

## 四、状态通道项目的分类和对比

在项目进度方面，目前主网已经上线的项目是 Lightning Network，有最小可用产品的是 Liquidity Network，在公测阶段的有 FunFair，其余项目仍在开发过程中。

在保证金锁定方面，Liquidity Network 提出了节点间使用 Hub 进行流动性共享的机制，试图减少保证金锁定的问题。Hub 的作用类似于银行，本质是利用 Hub 间的交易可以互相抵消，减少每个用户的保证金锁定。Celer Network 提出了类似的链下流动性提供者（OSP）机制，允许 OSP 通过智能合约拍卖，从代币持有者处租借获得流动性。

在状态通道平衡方面，Liquidity Network 提出了经过同行评审的 Revive 的方法进行状态通道平衡。而 Celer Network 在白皮书中提出了一套分布式背压导流的算法（cRoute），号称性能最优，但没有对算法的安全性进行评估。

在节点的掉线维护方面，Celer Network 提出了由状态守护者组成的侧链来维护状态，状态守护者需要抵押 CELR 代币以防止作恶，并且从节点处获得 CELR 代币作为激励。

状态通道项目的对比见下表：

## 五、状态通道类项目的投资逻辑

### 1. 应用场景

**交易所或钱包间进行交易**

交易所或钱包类的实体有大量沉淀闲置存款，并且之间的交易长期可以双向抵消，因此更适合接入基于状态通道的支付网络。

**博彩平台**

依靠概率的博彩类项目，玩家互相之间有赢有输，总体来说可以大体互相抵消（不考虑平台的收入），也很适合作为应用场景。

**高频小额交易**

对单次交易费用敏感的高频小额交易适合用状态通道，如直播打赏、IoT 设备、打印服务等。

### 2. 节点激励机制

由于状态通道存在正向网络效应，每条通道可以服务通道节点之外的大量节点。对运行状态通道的节点是否有合理的经济激励机制，也是项目需要重点关注的方面。

区块链 +
从全球 50 个案例看区块链的技术生态、通证经济和社区自治

| 层级 | 项目名称 | 支持的公链 | 主网上线时间 | 描述 | 团队背景 |
|---|---|---|---|---|---|
| 支付通道 | Lightning Network | RSK | 2018 Q2 | 比特币支付网络，最先上线的状态通道类项目 | Blockstream |
| | Raiden Network | ETH，RSK | — | 以太坊支付网络 | 德国公司 |
| | Perun | ETH | 2018 Q3 | 以太坊支付网络，支持虚拟支付通道，中间路由节点由节点不需要参与交易过程 | 德国波兰大学教授 |
| | Liquidity Network | ETH，RSK 等 | 2018 Q2 | 以太坊支付网络及去中心化交易所，利用 Liquidity Hub 和通道平衡技术增加支付网络流动性 | ETH Zurich 研究者 |
| 状态通道 | FunFair | ETH | 封闭 Beta 测试版已上线 | 博彩平台，独有的随机数生成机制保证状态通道中游戏进程的随机性 | 英国游戏业开发者 |
| | Counterfactual | ETH | — | 研究项目，实现以太坊上的广义状态通道 | L4 Ventures |
| 广义状态通道 | Spankchain | ETH | — | 成人娱乐平台，是第一个将 Counterfactual 实现成 PoC 的项目 | 原 Consensys 开发者 |
| | Celer Network | — | — | 综合 DAPP 平台，提出一套最优的通道平衡技术，同时利用侧链对补充通道进行补充 | 硅谷工程师 |